农村青年职业技能学习丛书
NONGCUN QINGNIAN ZHIYE
JINENG XUEXI CONGSHU

# 新编
# 电工基础
# 实用技术

(上)

主 编：叶 克
副主编：易运池 高振亮
参 编：李剑宇 戴华兵 闫爱军

湖南科学技术出版社

图书在版编目(CIP)数据

新编电工基础实用技术/叶克主编.——长沙：
湖南科学技术出版社,2010.10
(农村青年职业技能学习丛书)
ISBN 978-7-5357-6447-8

Ⅰ.①新… Ⅱ.①叶… Ⅲ.①电工技术-青年读物
Ⅳ.①TM-49

中国版本图书馆 CIP 数据核字(2010)第 190572 号

农村青年职业技能学习丛书

## 新编电工基础实用技术(上)

主　编:叶　克
责任编辑:龚绍石　杨　林
出版发行:湖南科学技术出版社
社　　址:长沙市湘雅路 276 号
　　　　　http://www.hnstp.com
邮购联系:本社直销科　0731-84375808
印　　刷:唐山新苑印务有限公司
　　　　　(印装质量问题请直接与本厂联系)
厂　　址:河北省玉田县亮甲店镇杨五侯庄村东 102 国道北侧
邮　　编:064101
出版日期:2017 年 10 月第 1 版第 2 次
开　　本:850mm×1168mm　1/32
印　　张:4.75
书　　号:ISBN 978-7-5357-6447-8
定　　价:39.00 元(共两册)

(版权所有·翻印必究)

# 前　言

建设社会主义新农村是农业生产发展的需要。我国土地资源稀缺，人均可耕地面积仅占世界平均水平的2/5，同时人口众多，而且还将继续增加，人地关系将长期处于紧张状态。在这种形势下，提高农业生产效率，保障国家粮食安全，满足全体人民食物需求，将主要依靠农业科技进步。

高素质的农民接受新技术的能力强，对新技术的反应敏捷，是加快技术扩散速度和范围，对农业的贡献更大提高的重要关键。另外，高素质农民将形成对农业新技术要素的持续旺盛需求，刺激和推进农业新技术的研究和发明，扩大供给，从而保证农业生产的长期持续发展。

事实上，我国新农村建设还面临着农业产业结构调整和农村产业结构（发展第二、第三产业）调整的艰巨任务，产业结构调整意味着就业结构和职业结构的改变，这种改变对劳动力的技术水平要求更高。唯有较高素质的农民才能学习新技术掌握新技能，也才能根据市场变化适时主动地调整产业产品结构。

青年农民是农业生产力中最活跃、最具创造力的因素，而对农民进行培训，最主要的途径是：（1）学校正规教育；（2）职业技能培训。有计划地对即将变为城市人口的农民进行培训，为农民身份的改变创造就业机会，增加技能储备，这是我们策划、构思、编写本套《农村青年职业技能学习丛书》的初衷。

本套丛书的编写宗旨是围绕国家"阳光工程"的实施目标，在于提高农村劳动力素质和就业技能，促进农村劳动力向非农产业和城镇转移，实现稳定就业和增加农民收入，推动城乡经济社会协调发展；围绕提高我国广大农村青年进城务工必须掌握就业的基本知识和技能的时代要求，帮助他们通过自学掌握从农民向技术工人转变所必需的知识和技术，适应社会多领域的就业需求，获得职业入门指导。

**本书编委会**

# 目 录

## 第一章 电工基础知识 ………………………………………… 1
第一节 电路基础 …………………………………………… 1
第二节 电气图的识读 ……………………………………… 5
第三节 直流电路 …………………………………………… 8
第四节 电与磁 ……………………………………………… 22
第五节 交流电路 …………………………………………… 34

## 第二章 电工器材简介 ………………………………………… 59
第一节 电工材料 …………………………………………… 59
第二节 常用电工工具 ……………………………………… 75
第三节 常用电工仪表 ……………………………………… 85

## 第三章 电力系统基础知识 …………………………………… 115
第一节 电力系统结构 ……………………………………… 115
第二节 电力系统常用电器设备 …………………………… 117

# 第一章 电工基础知识

## 第一节 电路基础

### 一、电路的组成

由电源、负载、开关经导线连接而形成的闭合回路,是电流所经之路,称为电路。图1-1所示为一简单电路示意图,其中图1-1(a)为实物接线图,图1-1(b)为电路原理图。

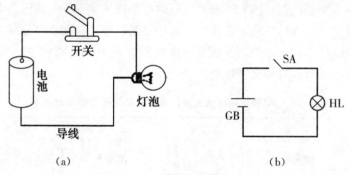

图1-1 最简单的电路

电源是提供电能的装置,如各种电池、发电机等。其作用是将化学能、机械能等其他形式的能量转换为电能。

负载是消耗电能的设备,如电灯、电炉、电动机等。它们分别把电能转换为光能、热能、机械能等各种形式不同的能量。

导线和开关是电源和负载之间连接和控制的必不可少的元件。图1-1中的开关合上后,电流经过灯泡而使其发光。开关断开时,灯泡不亮,表明电流不再流过灯泡。开关闭合,电路电流是连续的,负载可正常工作的状态叫通路;开关断开或电路某处断开,电流消失,负载停止工作的状态叫断路(或开路);当电源引出线不经负载而直接相连,电路中就会有很大的电流通过,引起导线发热,损坏绝缘,甚至烧毁电源,导致事故,这种状态叫短路。

## 二、电气图常用符号

在实际应用中采用一些规定的图形符号来表示电路中的各种元件。用图形符号表示电路连接情况的图,叫电路原理图,简称为电路图。这样,使用电路图形符号就可以把图1-1(a)实物接线图画成图1-1(b)的电路原理图形式。

实际电气设备的安装和维修都是根据电路图进行的,很少使用实物接线图。国家颁布了统一的图形符号来规范电路图。电气图中,代表电动机、各种电器元件的图形符号和文字符号应按照我国已颁布实施的有关国家标准绘制。表1-1给出了部分常用电气图形符号和文字符号。

表1-1 部分常用电气图形符号和文字符号的新旧对照表

| 名称 | 新标准 | | 旧标准 | | 名称 | | 新标准 | | 旧标准 | |
|---|---|---|---|---|---|---|---|---|---|---|
| | 图形符号 | 文字符号 | 图形符号 | 文字符号 | | | 图形符号 | 文字符号 | 图形符号 | 文字符号 |
| 一般三级电源开关 |  | QS | 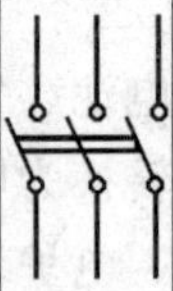 | K | 位置开关 | 常开触头 |  | SQ | 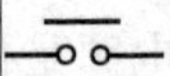 | XK |
| | | | | | | 常闭触头 | | | | |
| 低压断路线 | 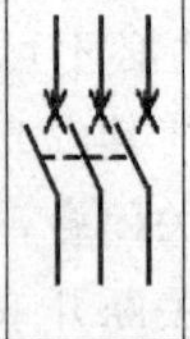 | QF | 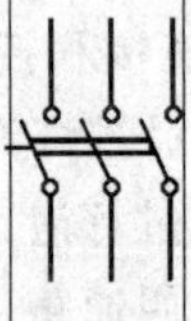 | UZ | | 复合触头 | | | | |

续表

| 名称 | | 新标准 | | 旧标准 | | 名称 | | 新标准 | | 旧标准 | |
|---|---|---|---|---|---|---|---|---|---|---|---|
| | | 图形符号 | 文字符号 | 图形符号 | 文字符号 | | | 图形符号 | 文字符号 | 图形符号 | 文字符号 |
| 熔断器 | | | FU | | RD | 速度继电器 | 常开触头 | | KS | | SDJ |
| 按钮 | 启动 | | SB | | QA | | 常闭触头 | | | | |
| | 停止 | | | | TA | | 线圈 | | | | |
| | 复合 | | | | AN | 时间继电器 | 常开延时闭合触头 | | KT | | SJ |
| 接触器 | 线圈 | | KM | | C | | 常闭延时打开触头 | | | | |
| | 主触头 | | | | | | 常闭延时闭合触头 | | | | |
| | 常开辅助触头 | | | | | | 常开延时打开触头 | | | | |
| | 常闭辅助触头 | | | | | 热继电器 | 热元件 | | FR | | RJ |

3

续表 1

| 名称 | | 新标准 | | 旧标准 | | 名称 | 新标准 | | 旧标准 | |
|---|---|---|---|---|---|---|---|---|---|---|
| | | 图形符号 | 文字符号 | 图形符号 | 文字符号 | | 图形符号 | 文字符号 | 图形符号 | 文字符号 |
| 热继电器 | 常闭触头 | | FR | | RJ | 制动电磁铁 | | YB | | DT |
| 继电器 | 中间继电器线圈 | | KA | | ZJ | 电磁离合器 | | YC | | CH |
| | 欠电压继电器线圈 | | KV | | QYJ | 电位器 | | RP | 与新标准相同 | W |
| | 过电流继电器线圈 | | KI | | GLJ | 桥式整流装置 | | VC | | ZL |
| | 常开触头 | | 相应继电器符号 | | 相应继电器符号 | 照明灯 | | EL | | ZD |
| | 常闭触头 | | | | | 信号灯 | | HL | | XD |
| | 欠电流继电器线圈 | | KI | 与新标准相同 | QLJ | 电阻器 | | R | | R |
| 万能转换开关 | | | SA | 与新标准相同 | HK | 接插器 | | X | | CZ |

续表2

| 名称 | 新标准 | | 旧标准 | | 名称 | 新标准 | | 旧标准 | |
|---|---|---|---|---|---|---|---|---|---|
| | 图形符号 | 文字符号 | 图形符号 | 文字符号 | | 图形符号 | 文字符号 | 图形符号 | 文字符号 |
| 电磁铁 | | YA | | DT | 他励直流电动机 | | M | | ZD |
| 电磁吸盘 | | YH | | DX | 复励直流电动机 | | | | |
| 串励直流电动机 | | M | | ZD | 直流发电机 | | G | | ZF |
| 并励直流电动机 | | | | | 三相鼠笼式异步电动机 | | M | | D |

## 第二节 电气图的识读

### 一、电气图的种类

电气图主要有系统原理图、电路原理图、安装接线图。

(一) 系统原理图（方框图）

系统原理图用较简单的符号或带有文字的方框，简单明了地表示电路系统的最基本结构和组成，直观表述电路中最基本的构成单元和主要特征及相互间关系。

(二) 电路原理图

电路原理图分为集中式、展开式两种。

集中式电路图中各元器件等均以整体形式集中画出，说明元件的结构原理和工作原理。识读它时需清楚了解图中继电器相关线圈、触点属于什么回路，在什么情况下动作，动作后各相关部分触点发生什么样变化。

展开式电路图在表明各元件、继电器动作原理、动作顺序方面，较集中式电路图有其独特的优点。展开式电路图按元件的线圈、触点划分为各自独立的交流电流、交流电压、直流信号等回路。凡属于同一元件或继电器的电流、电压线圈及触点采用相同的文字。展开式电路图中对每个独立回路，交流按 U、V、W 相序；直流按继电器动作顺序依次排列。识读展开式电路图时，对照每一回路右侧的文字说明，先交流后直流，由上而下，由左至右逐行识读。集中式、展开式电路图互相补充、互相对照来识读更易理解。

（三）安装接线图

安装接线图是以电路原理为依据绘制而成，是现场维修中不可缺少的重要资料。安装图中各元件图形、位置及相互间连接关系与元件的实际形状、实际安装位置及实际连接关系相一致。图中连接关系采用相对标号法来表示。

二、识读电气图须知

（1）学习掌握一定的电子、电工技术基本知识，了解各类电气设备的性能、工作原理，并清楚有关触点动作前后状态的变化关系。

（2）对常用常见的典型电路，如过流、欠压、过负荷、控制、信号电路的工作原理和动作顺序有一定的了解。

（3）熟悉国家统一规定的电力设备的图形符号、文字符号、数字符号、回路编号规定通则及相关的国家标准。了解常见常用的外围电气图形符号、文字符号、数字符号、回路编号及国际电工委员会（IEC）规定的通用符号和物理量符号。

(4) 了解绘制二次回路图的基本方法。电气图中一次回路用粗实线，二次回路用细实线画出。一次回路画在图纸左侧，二次回路画在图纸右侧。由上而下先画交流回路，再画直流回路。同一电器中不同部分（如线圈、触点）不画在一起时用同一文字符号标注。对接在不同回路中的相同电器，在相同文字符号后面标注数字来区别。

(5) 电路中开关、触点位置均在"平常状态"绘制。所谓"平常状态"是指开关、继电器线圈在没有电流通过及无任何外力作用时触点的状态。通常说的动合、动断触点都指开关电器在线圈无电、无外力作用时它们是断开或闭合的，一旦通电或有外力作用时触点状态随之改变。

### 三、识读电气图方法

(1) 仔细阅读设备说明书、操作手册，了解设备动作方式、顺序，有关设备元件在电路中的作用。

(2) 对照图纸和图纸说明大体了解电气系统的结构，并结合主标题的内容对整个图纸所表述的电路类型、性质、作用有较明确认识。

(3) 识读系统原理图要先看图纸说明。结合说明内容看图纸，进而了解整个电路系统的大概状况，组成元件动作顺序及控制方式，为识读详细电路原理图做好必要准备。

(4) 识读集中式、展开式电路图要本着先看一次电路，再看二次电路，先交流后直流的顺序，由上而下，由左至右逐步循序渐进的原则，看各个回路，并对各回路设备元件的状况及对主要电路的控制，进行全面分析，从而了解整个电气系统的工作原理。

(5) 识读安装接线图要对照电气原理图，先一次回路，再二次回路顺序识读。识读安装接线图要结合电路原理图详细了解其端子标志意义、回路符号。对一次电路要从电源端顺次识读，了解线路连接和走向,直至用电设备端。对二次回路要从电源一端识读直至电源另一端。接线图中所有相同线号的导线,原则上都可以连接在一起。

## 第三节 直流电路

### 一、电路的几个物理量

**(一)电流**

导体中的自由电子,在电场力的作用下做有规则的定向运动就形成了电流。电路中能量的传输和转换是靠电流来实现的。

1. 电流的大小

为比较准确地衡量某一时刻电流的大小或强弱,我们引入了电流这个物理量,表示符号为"$I$"。其大小是沿着某一方向通过导体某一截面的电荷量 $\Delta q$ 与通过时间 $\Delta t$ 的比值。即:

$$I = \frac{\Delta q}{\Delta t}$$

为区别直流电流和变化的电流,直流电流用字母"$I$"表示,变化的电流用"$i$"表示。在国际单位制中,电流的基本单位是安培,简称"安",用字母"A"表示。电流的单位也可以用千安(kA)、毫安(mA)、微安(μA)表示。它们之间的换算关系是:

$$1 \text{ kA} = 1\ 000 \text{ A}$$
$$1 \text{ A} = 1\ 000 \text{ mA}$$
$$1 \text{ mA} = 1\ 000 \text{ μA}$$

2. 电流的方向

习惯上规定以正电荷的移动方向作为电流的方向,而实际上导体中的电流是由带负电的电子在导体中移动而形成的。所以,我们所规定的电流方向与电子实际移动的方向恰恰相反。但这样规定并不影响对电流的分析和测量以及对电磁现象的解释。

3. 电流的种类

导体中的电流不仅可具有大小的变化，而且可具有方向的变化。大小和方向都不随时间而变化的电流称为恒定直流电流，如图1-2（a）所示。方向始终不变，大小随时间而变化的电流称为脉动直流电流，如图1-2（b）所示。大小和方向均随时间变化的电流称为交流电流。工业上普遍应用的交流电流是按正弦函数规律变化的，称为正弦交流电流，如图1-2（c）所示。非正弦交流电流，如图1-2（d）所示。

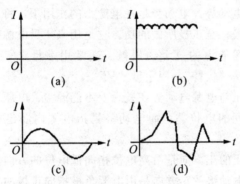

图1-2 电流的种类

（二）电位和电压

1. 电位

电场力将单位正电荷从电路中某一点移到参考点（零电位点）所做的功，称为该点电位。电路中不同位置的电位是不同的。其数值与参考点的选择紧密相关，所以，电位是一个相对的概念。通常在电力系统中以大地作为参考点，其电位定为零电位。电位用字母"$\varphi$"表示，其单位是"伏特"（V）。

2. 电压

电压是指电场中任意两点之间的电位差。它实际上是电场力将单位正电荷从某一点移到另一点所做的功。电路中两点间的电压仅与该两点的位置有关,而与参考点的选择无关。电压用字母"U"或"u"表示。电压的基本单位是"伏特",简称"伏"。用字母"V"表示。电压的大小还可以用千伏(kV)、毫伏(mV)表示。它们之间的换算关系是:

$$1 \text{ kV} = 1\ 000 \text{ V}$$
$$1 \text{ V} = 1\ 000 \text{ mV}$$

(三)电动势

由其他形式的能量转换为电能所引起的电源正、负极之间的电位差,叫电动势。电动势是在电源力的作用下,将单位正电荷从电源的负极移至正极所做的功。它是用来衡量电源本身建立电场并维持电场能力的一个物理量。通常用字母"$E$"或"$e$"表示,单位也是"伏特",用字母"V"表示。

电源电压与电源电动势在概念上不能混淆。电压是指电路中任意两点之间的电位差,而电动势是指电源内部建立电位差的本领。

规定电压的正方向是由高电位指向低电位的方向,即电位降低的方向;电动势的正方向是由电源负极指向正极的方向,即电位升高的方向。如图1-3所示。

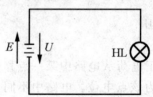

图1-3 电源电压与电源电动势方向

(四)电阻、电阻率、电阻温度系数

1. 电阻

电流在导体中通过时受到的阻力称为电阻。电源内部对电荷移动产生的阻力称为内电阻,电源外部的导线及负载电阻称为外电阻。电阻常用字母"$R$"或"$r$"表示。其单位是欧姆,简称"欧",用字母"Ω"表示。电阻的单位也可是千欧(kΩ)、兆欧(MΩ)。它们之间的换算关系是:

$1\ \text{k}\Omega = 1\ 000\ \Omega$

$1\ \text{M}\Omega = 1\ 000\ \text{k}\Omega$

2. 电阻率

常以某种导体长 1 m,横截面积为 1 mm$^2$,在 20℃时所具有的电阻值,作为该种导体的电阻率。电阻率用字母"$\rho$"表示,其单位为欧姆·毫米$^2$/米(Ω·mm$^2$/m)。各种导体的电阻可用下式求得

$$R = \rho \frac{l}{S}$$

式中:$R$——导体电阻,Ω;

　　　$l$——导体长度,m;

　　　$S$——导体截面积,mm$^2$。

3. 电阻率的温度系数

导体的电阻除了决定于导体的几何尺寸和材料性质外,其大小还受温度的影响。我们把导体的温度每升高 1℃时,电阻率增大的百分数叫电阻率的温度系数。通常用"$\alpha$"表示。这样就能列出下面的公式:

$$R_2 = R_1 + \alpha(t_1 - t_2)$$

式中:$R_1$——温度为 $t_1$ 时的电阻值;

　　　$R_2$——温度为 $t_2$ 时的电阻值。

各种常见材料电阻率和电阻率平均温度系数见表 1-2。

表 1-2　电阻率和电阻率平均温度系数

| 材料名称 | 电阻率 $\rho(20℃)/\Omega\cdot mm^2\cdot m^{-1}$ | 电阻率平均温度系数 $\alpha(0℃\sim100℃)/℃^{-1}$ |
|---|---|---|
| 碳 | 10 | -0.0005 |
| 银 | 0.0162 | 0.0035 |
| 铜 | 0.0175 | 0.004 |
| 铝 | 0.0285 | 0.0042 |
| 钨 | 0.0548 | 0.0052 |
| 铂 | 0.106 | 0.00389 |
| 低碳钢 | 0.13 | 0.0057 |
| 黄铜 | 0.07 | 0.002 |
| 锰铜 | 0.42 | 0.000005 |
| 康铜 | 0.44 | 0.000005 |
| 镍铬合金 | 1.08 | 0.00013 |
| 铁镍铬合金 | 1.2 | 0.00008 |
| 绝缘漆 | $10^{11}\sim10^{14}$ | — |
| 云母 | $4\times10^{17}\sim4\times10^{21}$ | — |
| 瓷 | $3\times10^{18}$ | — |

## 二、欧姆定律

欧姆定律就是用来说明电压、电流、电阻三者之间关系的定律。

### （一）部分电路欧姆定律

部分电路欧姆定律是说明在某一段电路中，流过该段电路的电流与该电路两端的电压成正比，与这段电路的电阻成反比，如图 1-4 所示。其数学表达式可列为：

$$I=\frac{U}{R}$$

式中：$I$——流过电路的电流，A；

$U$——电阻两端电压，V；

$R$——电路中的电阻，$\Omega$。

上式还可改写成 $U=IR$ 和 $R=\dfrac{U}{I}$ 两种形式。这样我们就可以很方便地从已知的两个量求出另一个未知量。

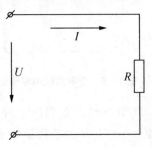

图 1-4 部分电路欧姆定律

### （二）全电路欧姆定律

全电路欧姆定律是用来说明当温度不变时，一个含有电源的闭合回路中，电动势、电流、电阻之间关系的基本定律。它表明在一个闭合回路中，电流与电源电动势成正比，与电路的电源内阻和外电阻之和成反比，如图 1-5 所示。其数学表达式为：

$$I=\frac{E}{R+R_0}$$

式中：$I$——回路中电流，A；

$E$——电源的电动势，V；

$R_0$——电源的内阻，Ω；

$R$——外电路的电阻，Ω。

由上式得出：

$$E=I(R_0+R)=IR_0+IR$$

令 $IR=U$，$IR_0=U_0$ 则：

$$E=U+U_0 \quad 或 \quad U=E-U_0$$

式中：$U$——电源端电压，V；

$U_0$——电源在电源内阻上的电压降，V。

13

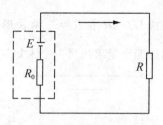

图 1-5 全电路欧姆定律

在一般情况下,电源电动势 $E$ 和内电阻 $R_0$ 可以认为是不变的,且 $R_0$ 很小。因此外电阻 $R$ 的变化是影响电路中电流变化的主要因素。

另外,当电路处于开路时,电路中电流等于零,此时电源两端电压 $U$ 在数值上等于电源电动势 $E$,即 $U=E$。

当闭合回路处于工作状态时,回路中有电流通过(即电源处于带载状态)。此时电源两端电压 $U$ 在数值上等于电源电动势 $E$ 和电流在内阻上的压降 $U_0$ 之差。

$$U=E-U_0$$

由此可见,含有电源的闭合回路,在工作状态时,电源两端电压比空载状态时要低。

【例 1-1】电源为一个干电池,负载为一个灯泡,将它们与开关用导线连接在一起。未合上开关时,测得电源的电动势为 5 V,合上开关、电路工作时,测得电源端电压 $U=4$ V,电路电流 $I=0.1$ A。求电源内阻 $R_0$。

解:已知 $E=5$ V, $U=4$ V, $I=0.1$ A

将公式 $I=\dfrac{E}{R+R_0}$ 变换为 $R_0=\dfrac{E-IR}{I}$

再代入 $U=IR$ 可得 $R_0=\dfrac{E-U}{I}$

即 $R_0=\dfrac{5-4}{0.1}=10$(Ω)

## 三、电阻的连接

### (一) 电阻的串联

几个电阻依次相连,中间没有分支,只有一个电流通路的连接方式称为电阻的串联。如图1-6所示。

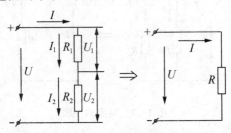

图1-6 电阻的串联

串联电路的基本特征如下:

(1) 串联电路中的电流处处相等。

$$I = I_1 = I_2 = \cdots = I_n$$

(2) 串联电路两端的总电压等于各电阻上电压降之和。电流流过每个电阻时,在电阻上都要产生压降。

$$U = U_1 + U_2 + \cdots + U_n$$

(3) 电阻串联后的总电阻(等效电阻)等于各个电阻阻值之和。

$$R = R_1 + R_2 + \cdots + R_n$$

(4) 各电阻上的电压分配与其电阻值成正比。即在串联电路中,电阻值大的分配到的电压大,也就是电阻上的电压降大;电阻值小的分配到的电压小。

$$U_1 = IR_1 = \frac{R_1}{R_1 + R_2 + \cdots + R_n} U$$

$$U_n = IR_n = \frac{R_n}{R_1 + R_2 + \cdots + R_n} U$$

## （二）电阻的并联

将两个或两个以上电阻相应的两端连接在一起，使每个电阻承受同一个电压。这样的连接方式称为电阻的并联，如图1-7所示。

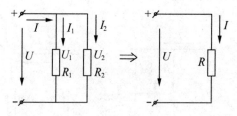

**图1-7 电阻的并联**

并联电路的基本特征如下：

（1）电路中每个电阻两端电压都相等。

$$U=U_1=U_2=\cdots=U_n$$

（2）电路中，总电流等于流过各电阻电流之和。

$$I=I_1+I_2+\cdots+I_n$$

（3）电阻并联后的总电阻 $R$（等效电阻）的倒数等于各分电阻倒数之和。

$$\frac{1}{R}=\frac{1}{R_1}+\frac{1}{R_2}+\cdots+\frac{1}{R_n}$$

在实际计算只有两个电阻并联时的总电阻，上式可化为：

$$R=\frac{R_1R_2}{R_1+R_2}$$

（4）两个电阻并联的电路中，各电阻上的电流是由总电流按电阻阻值的大小成反比的关系分配的。即电阻值大的分配到的电流小，电阻值小的分配到的电流大。图1-7中 $R_1$ 上电流可表示为：

$$I_1=\frac{R_2}{R_1+R_2}I$$

$$I_2 = \frac{R_1}{R_1+R_2}I$$

综上所述，可得出以下结论：

①两个及两个以上电阻并联后的总电阻阻值比其中任何一个电阻值都小；

②如果两个阻值相等的电阻并联，其总阻值等于其中一个电阻值的1/2；

③若两个阻值相差很悬殊的电阻并联，其总阻值接近于小的电阻阻值。

（三）电阻的混联

在一个电路中，既有电阻的串联，又有电阻的并联，这类电路称为混联电路。如图1-8中，$R_3$与$R_4$并联、然后它们和$R_1$串联、串联后又与$R_2$并联、最后与$R_5$串联，这是一个混联电路。

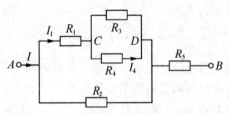

**图1-8 电阻的混联**

在计算混联电路时，常常"分析时由外到内、计算时由内到外"进行等效电阻的确定，把一个混联电路简化成一个比较简单的串联或者并联电路，然后再进行计算。

【例1-2】图1-8中，若要求$AB$之间的电阻，必须先求$CD$之间的电阻，即：

$$R_{CD} = \frac{R_3 R_4}{R_3 + R_4}$$

然后再求$AB$之间的电阻，即：

$$R_{AB} = \frac{(R_{CD}+R_1)R_2}{R_{CD}+R_1+R_2} + R_5$$

### 四、电功和电功率

(一) 电功率

电场力在单位时间内所做的功叫做电功率,简称功率,用字母"$P$"表示。其单位为"瓦"(W),常用的单位还有兆瓦(MW)、千瓦(kW)、毫瓦(mW)。它们的换算关系是:

$$1\ MW = 1\ 000\ kW$$
$$1\ kW = 1\ 000\ W$$
$$1\ W = 1\ 000\ mW$$

在直流电路或纯电阻交流电路中,电功率等于电压与电流的乘积,即 $P=UI$。当用电设备两端的电压为 1 V,通过的电流为 1 A,则用电设备的功率就是 1W。根据欧姆定律,电阻消耗的电功率还可以用下式表达:

$$P = UI = I^2 R = \frac{U^2}{R}$$

上式表明,当电阻一定时,电阻上消耗的功率与其两端电压的平方成正比,或与通过电阻的电流的平方成正比。

【例 1-3】电灯泡额定电压为 220 V,分别求出 15 W、40 W、100 W 灯泡内钨丝的热态电阻。

解:由公式 $P=\dfrac{U^2}{R}$ 得:$R=\dfrac{U^2}{P}$

因此 $R_1 = \dfrac{U^2}{P_1} = \dfrac{220^2}{15} = \dfrac{48400}{15} = 3226.67$ (Ω)

$R_2 = \dfrac{U^2}{P_2} = \dfrac{220^2}{40} = \dfrac{48400}{40} = 1210$ (Ω)

$R_3 = \dfrac{U^2}{P_3} = \dfrac{220^2}{100} = \dfrac{48400}{100} = 484$ (Ω)

【例 1-4】某一稳压电源输出端所接负载电阻为 100 Ω,输出电压为 6 V,求该电阻消耗的功率是多少?应使用多大功率的电阻？

解：由公式 $P=\dfrac{U^2}{R}$ 得

$$P=\dfrac{6^2}{100}=\dfrac{36}{100}=0.36\text{（W）}$$

为防止电阻烧毁，一般取其计算功率的 2 倍以上，根据本题意可选 1 W、100 Ω 的电阻。

(二) 电能

在电源的作用下，电流通过电气设备时，把电能转变为其他形式的能。电灯泡发光、电炉发热、电机转动、扬声器发声分别表明电能通过电气设备转换为光能、热能、机械能、声能等，这些能量的传递和转换，证明电流做了功。那么具体来讲什么是电能呢？

在一段时间内，电流通过负载时，电源所做的功，称为电能。电能用字母"A"表示，其单位是焦耳，简称为"焦"，用字母"J"表示。电能的大小跟通过用电器具的电流大小及加在它们两端电压的高低和通电时间的长短成正比。用公式表示为：

$$A=PT=UIT=I^2RT$$

式中：$A$——代表电能，单位为 J；

$P$——代表电功率，单位为 W；

$I$——代表电流，单位为 A；

$U$——代表电压，单位为 V；

$t$——代表时间，单位为 s；

$R$——代表电阻，单位为 Ω。

在实际应用中，焦耳作为单位显得过小，难以适用。故常以电量的形式表示电能的消耗，即以千瓦小时（kW·h）为单位。

$$1\text{ kW·h}=3\,600\text{ J}$$

【例 1-5】100 W 的电烙铁，每天使用 2 h，求每月（按 22 天计）耗电量是多少？

解：$A=Pt=100\times2\times22=4400$（W·h）$=4.4$（kW·h）

### （三）电流热效应

电流通过导体时，由于要克服导体中电阻而做功，将其所消耗的电能转化为热能，从而使导体温度升高的现象，称"电流的热应"。

通过实验证明：电流通过导体所产生的热量（$Q$）与电流的平方（$I^2$）、导体电阻（$R$）以及通电时间（$t$）三者的乘积成正比。可以用以下关系式表示：

$$Q=I^2Rt$$

式中：$Q$——导体产生的热量，J；

$I^2$——通过导体的电流，A；

$R$——导体电阻，Ω；

$t$——通电时间，s。

电流的热效应在生产和生活中应用很广，如电烙铁、电炉、熔丝等。但也有它不利的一面，如电气设备的导线都具有一定的电阻值，当电流通过时，必然会发热，促使电气设备温度升高。如果温升过度，会使其绝缘加速老化变质，甚至烧毁脱落，从而引起电气设备的漏电、短路，造成事故。所以在我们生产和生活中，安装、维修和使用电气设备时，应首先考虑到其额定功率、额定电压及额定电流等参数，注意采取保护措施，如加装熔断器、热继电器、继电保护装置等，以确保安全用电。

### 五、基尔霍夫定律

基尔霍夫定律是用来说明电路中各支路电流之间及每个回路电压之间基本关系的定律，应用它可以求解电路中的未知量，是分析、计算任意电路的重要理论基础之一。基尔霍夫定律包括：节点电流定律（又称第一定律）和回路电压定律（又称第二定律）。

（一）有关基尔霍夫定律的名词解释

（1）支路：指电路中的每一个分支，而且分支中的电流处处相等，如图1-9所示。$R_1$和$E_1$，$R_2$和$E_2$，$R_3$和$E_3$分别构成一条独立的支路。

(2) 节点：电路中三条及三条以上支路的连接点称为节点。如图1-9所示电路中$A$点和$B$点都是节点。

(3) 回路：电路中任意一个闭合路径称为回路。如图1-9所示电路中$ABCA$、$ADBCA$、$ADBA$都是回路。

(4) 网孔：不含多余支路的单孔回路，称为网孔。如图1-9所示电路中$ABCA$、$ADBA$都是网孔。

(二) 基尔霍夫节点电流定律

节点电流定律是用来说明电路上各电流之间关系的定律。对电路中的任意一个节点，在任意一个时刻流入节点的电流之和等于流出该节点的电流之和。如图1-10所示。

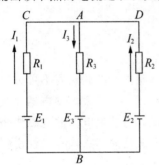
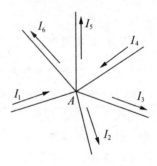

图1-9 复杂直流电路　　　　图1-10 节点电流

节点电流定律也可以表达为：设流入节点的电流为正值，流出的为负值，则电路中任何一个节点在任意时刻全部电流代数和为零。用数学表达式为：

$$\sum I = 0$$

这说明电路中的任何一处的电流都是连续的，在节点上不会有电荷的累积，更不会自然生成及消失。

(三) 基尔霍夫回路电压定律

回路电压定律是用来说明在回路中各部分电压之间相互关系

的定律。在任意一个闭合回路中，在任意一个时刻电动势（电位升）代数和等于各电阻上电压（电位降）的代数和，即：回路电压定律也可以表达为：任意一个闭合回路中，在任意一个时刻全部电位升降的代数和为零，即：

$$\sum E = \sum IR$$

如图 1-9 所示电路中，以回路 ACBDA 为例，按顺时针方向绕行，所列回路方程式为：

$$\begin{cases} E_1 - E_2 = I_1 R_1 - I_1 R_2 \\ E_1 - E_2 - I_1 R_1 - I_1 R_2 = 0 \end{cases}$$

## 第四节 电与磁

### 一、磁的基本知识

电流与磁场是电学中的两个基本现象，彼此有着不可分割的联系。很多设备，如发电机、电动机、电工仪表、继电器、接触器、电磁铁等，都是基于"动电生磁、磁动生电"的电磁作用原理而制作的。也可以说，有电流就有磁场的现象，有磁性说明有电流存在，二者既相互联系又相互作用。

（一）磁铁的性质

把一个小铁钉放在磁铁附近，铁钉受到力的作用被磁铁吸引。磁铁吸铁的性质叫磁性。磁铁的磁性具有以下特征：磁铁某两端的吸引力最大处，称作磁极。把一块磁铁分割成任意小块，每一小块仍具有两个性质不同的磁极。由此可见，独立的磁极是不存在的。两磁铁之间同磁极相斥，异磁极相吸。

一个能转动的条形磁铁在静止时，一极总是指向地球的北方，称为磁铁的北极或 N 极；另一极总是指向地球的南方，称为磁铁的南极或 S 极，这是因为地球本身就具有磁极的缘故。利用这个性质我国最早发明了指南针。

（二）磁场及检测方法

通过实验证明，在磁体和载流导体周围存在着一个磁力能起作用的空间，我们称它为磁场。磁场是以一种特殊形式而存在的物质。我们不能用眼睛看到它，但是我们可以通过它的各种性质来发现它的存在。如把一个磁针放在通有电流的导体旁，如图1－11所示，磁针就会受到力的作用发生偏转；切断电流，磁针又恢复到原位；改变电流方向，则磁针的偏转方向也跟着改变。为了形象化，我们用磁力线来表示它的分布情况。当磁力线为同方向、等距离的平行线时，这样的磁场称为均匀磁场，如图1－12所示。磁力线是用来说明磁场分布的假想曲线。磁力线是闭合的有向曲线，在磁铁外部，磁力线从N极指向S极；在磁铁内部，则从S极指向N极。如图1－13所示。

图1－11　通电导线产生磁场图

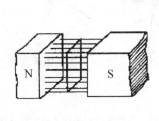

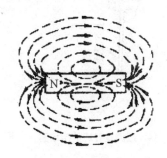

图1－12　均匀磁场图　　　图1－13　条形磁铁磁力线

（三）电流产生的磁场

实验证明：在通电导体的周围也存在着磁场，这种现象称为电流的磁效应。

1. 载流直导线的磁场

载流直导线的磁场方向可用右手螺旋定则来判断,如图1-14所示。具体方法是:伸平右手,卷曲四指握住载流直导线使拇指指向电流方向,其余四指所指的方向就是直导体四周的磁力线方向,即磁场方向。这些磁力线是由垂直于该直导线平面上,并以导线为中心的多个同心圆构成。

2. 直螺管线圈的磁场

为了便于判断和记忆直螺管线圈所产生的磁场方向和电流方向之间的关系,也可以用右手螺旋定则来判断。具体方法如图1-15所示。伸平右手,卷曲四指握住直螺管线圈,四指指向电流方向,其拇指所指方向为直螺管线圈内部所产生的磁场方向,即直螺管线圈内部的磁力线方向。

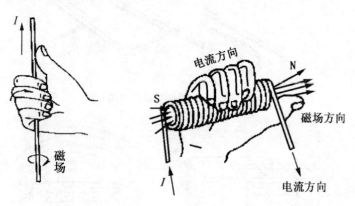

图1-14 载流直导线的磁场图　　图1-15 直螺管线圈内部的磁力线方向图

(四) 磁场的基本物理量

1. 磁感应强度

磁感应强度是用来表示磁场中各点磁感应的强弱和作用方向的物理量。在磁场中,垂直于该磁场方向单位长度的载流导体所

受到的磁场力 $F$ 与该导体中电流 $I$ 及导体长度 $l$ 的乘积之比值称为磁感应强度,用"$B$"表示,单位是特斯拉,简称为"特",用"T"表示。磁感应强度是一个矢量,其方向为该磁场中的磁针 N 极所指的方向。磁感应强度表示为:

$$B=\frac{F}{Il}$$

式中:$B$——磁感应强度,T;

　　　$F$——通电导体所受到的磁场力,N;

　　　$I$——导体中电流,A;

　　　$l$——直导体有效长度,m。

2. 磁通

磁通是表征磁场中某一截面上的磁感应强弱的物理量,其定义为:与磁感应强度方向垂直的某一截面 $S$ 与磁感应强度 $B$ 的乘积,用字母 $\phi$ 表示,单位是韦伯(Wb)。在均匀磁场中其表达式为:

$$\phi=BS$$

式中:$\phi$——磁通量,Wb;

　　　$B$——磁感应强度,T;

　　　$S$——与磁感应强度方向垂直的某一截面积,$m^2$。

又因 $B=\dfrac{\phi}{S}$,故磁感应强度又称磁通密度。

韦伯这一单位是国际单位制的单位,过去有采用"麦克斯韦"(Mx)为单位的,它们的换算关系为:

$$1Mx=10^8\ Wb$$

3. 磁导率

用来衡量各种物质导磁性能的一个物理量,称为磁导率,又称作磁导系数,用字母 $\mu$ 表示,单位是亨/米(H/m)。

各种物质的磁导率(值)不同,为了比较各种物质磁导性能,常用相对磁导率为参数进行比较。任何一种物质的磁导率 $\mu$ 与真空磁导率的 $\mu_0$ 的比值,称为相对磁导率,用字母 $\mu_r$ 表示

（$\mu_0 = 4\pi \times 10^7$ H/m）。这样各种物质相对磁导率可表示为：

$$\mu_r = \frac{\mu}{\mu_0} \text{ 或 } \mu = \mu_r \mu_0$$

它的物理意义是：在其他条件相同的情况下，某一种物质的磁感应强度是真空磁感应强度的多少倍。如铁磁性物质，在其他条件相同的情况下，这类物质中产生的磁感应强度是真空中产生磁感应强度的几千倍甚至几万倍。其他物质相对磁导率均可认为近似于1，这些材料称为非磁性材料。

4. 磁场强度

在研究磁场时，有时还要引用一个表示外磁场强度的物理量，它就是磁场强度。它也是表示磁场强弱和方向的物理量，但它不包括磁介质因磁化而产生的磁场，用字母 $H$ 表示，其单位为安/米（A/m）。

磁场强度的大小在数值上等于磁感应强度与磁导率之比。即：

$$H = \frac{B}{\mu}$$

## 二、铁磁性材料

根据各种材料导磁性能的不同，可以分为铁磁性材料和非铁磁性材料两大类。磁性材料，如铁、钢、镍、钴等，这类材料磁导率大，导磁性能好；非铁磁性材料，如铜、铝、空气等，此类材料磁导率小，导磁性能也差。

（一）铁磁性材料的性质

铁磁性材料在没有外界磁场的作用时，内部"磁分子"排列杂乱无章，其磁效应在内部相互抵消，所以对外不呈现磁性。但是当它受到外界磁场的作用时，其内部"磁分子"开始偏转，逐步排列整齐，且方向相同，并趋于外界磁场方向，因此，在铁磁材料两端就显示磁性，这个过程称为磁化。图1-16表示硬铁芯的磁化电路。

当移动电位器的触点,使线圈中电流增大,此时,磁场强度 $H$ 由零逐渐增大。而每一个 $H$ 点对应的磁感应强度 $B$ 也逐渐增大,但当 $H$ 点达到一定程度后,即使 $H$ 还在增大,磁感应强度 $B$ 只极其缓慢地增加,这种现象称为磁饱和。我们用横坐标表示磁场强度 $H$,用纵坐标表示铁芯内的磁通密度 $B$,就可以作出 $B$ 随 $H$ 变化的曲线。

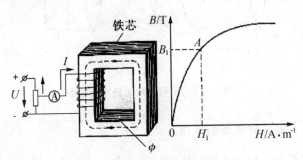

图 1-16 铁芯的磁化电路图

（二）铁磁性材料的分类

不同的铁磁性物质按其性能可分为软磁性材料、硬磁性材料、矩磁性材料,如图 1-17 所示。

1. 软磁性材料

若磁滞回线如图 1-17 (a) 所示,其磁滞回线狭窄,回线所包围的面积小,磁滞损耗小,如电工硅钢片、铁镍合金等,这些材料适用于电机、电磁铁、继电器、变压器的铁芯等。

2. 硬磁性材料

若磁滞回线如图 1-17 (b) 所示,其磁滞回线所包围的面积大,有较大的剩磁,磁滞损耗也相对较大,如钨钢、钴钢、高碳钢、铁镍钴合金等。这些材料适用于制造永久磁铁。电讯、仪表、通讯设备领域中常常用到。

3. 矩磁性材料

若磁滞回线如图 1-17 (c) 所示,磁滞线很宽,近似于一矩形闭合曲线,回线所包围面积最大,所以剩磁大。这些材料适用于计算机中的记忆磁芯和远程控制设备中的重要元件。

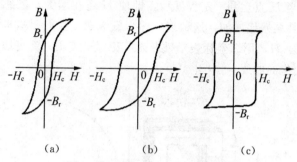

图 1-17 不同材料的磁滞回线图

### 三、磁场对电流的作用

如果把一根无束缚导体放在磁场中,并给导体通以电流,导体立即发生运动,这是受到电磁力作用的结果。实践证明,载流导体所受到的电磁力与导体中的电流 $I$、导体长度 $l$ 和磁感应强度 $B$ 成正比。其大小可表示为:

$$F=BIl$$

电磁力的方向可按左手定则确定:伸平左手,使拇指与四指成直角,让磁力线穿过手心。使四指指向电流方向,则拇指所指方向为电磁力方向,又称为电动力的方向,如图 1-18 所示。对于磁场中的线框,左右两旁都受到力的作用,N 极侧受到由外向里的力,S 极侧受到由里向外的力。这样两个边的作用力将使线框转动,如图 1-19 所示。

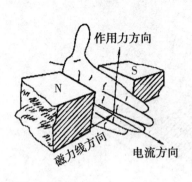
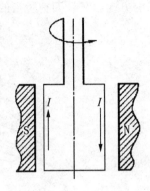

图 1-18　左手定则图　　1-19　通电线框在磁场中的受力情况

两根平行的载流导体，各在其周围产生磁场，并使得每根导体都处在同一根导体产生的磁场中，而且还与该磁力线的方向垂直。因此，两根平行载流导体都会受到电磁力的作用。若两根平行导体中的电流方向相同，导体受到相互吸引的力。若两根平行导体中通过的电流方向相反，则导体受到相互排斥的力。发电站、变电所等场所的母线经常平行敷设，短路时的侧向电磁力将成百倍的增大。因此安装必须牢固，以免扩大事故。

**四、电磁感应**

（一）电磁感应现象

磁场中的导体在做切割磁力线运动时，该导体内就会有感应电动势产生，这种现象称为电磁感应现象。由感应电动势所产生的电流叫感应电流，其方向与感应电动势的方向相同。在此需说明的是：只有导体形成闭合回路时，才会有感应电流的存在，而感应电动势的存在与导体是否形成闭合回路无关。

感应电动势的方向用右手定则确定：平伸右手，拇指与四指成直角，手心对准 N 极（即让磁力线穿过手心），拇指指向导体运动的方向,其余四指所指的方向就是感应电动势的方向(见图1-20)。

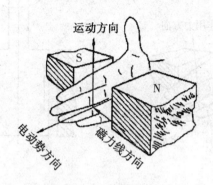

图 1-20 右手定则

(二)直导体的感应电动势

直导体在磁场中做切割磁力线运动时,便在该导体中产生感应电动势,其大小决定于磁感应强度、导体长度及切割磁力线的速度。感应电动势的表达式为,

$$e = Blv\sin\alpha$$

式中:$e$——电动势,V;

$l$——导体长度,m;

$v$——导体切割磁力线的速度,m/s;

$\alpha$——导体与磁力线的夹角。

当导体切割磁力线运动方向与磁力线的方向垂直时($l\sin 90°=l$),则电动势最大。即:

$$e = Blv$$

(三)螺旋线圈的感应电动势

线圈中感应电动势的大小与线圈中磁通变化率(即单位时间内磁通变化的数量)成正比,且与线圈的圈数成正比。上述结论是电学中的重要定律之一,是英国物理学家法拉第在1831年发现的,所以称之为法拉第电磁感应定律,通常称为电磁感应定律。电磁感应定律的表达式为：

$$e = -N\frac{\Delta\Phi}{\Delta t}$$

式中：$e$——$N$ 匝线圈产生的感应电动势，V；

$N$——线圈匝数；

$\Delta\Phi$——线圈内磁通变化量，Wb；

$\Delta t$——磁通变化 $\Delta\Phi$ 所要用的时间，s。

式中负号表示感应电动势的方向与线圈中磁通变化趋势相反。

**五、自感、互感**

（一）自感

线圈中的电流大小发生变化时，线圈中的磁通也会相应发生变化，这个变化的磁通必将在线圈中产生感应电动势。这种由于线圈本身电流的变化而在该线圈中产生电磁感应的现象叫做自感现象，由自感现象所产生的感应电动势称为自感电动势，用字母"$e_L$"表示。

自感电动势的大小取决于电流变化率$\frac{\Delta i}{\Delta t}$的大小，这是产生自感电动势的外因条件，另一方面线圈本身的结构特点也反映出了它产生自感电动势的能力。

我们把线圈中通过单位电流的变化所产生的自感磁通数，叫自感系数，简称自感，用字母 $L$ 表示。即：

$$L = \frac{\varphi}{i}$$

式中：$\varphi$——线圈中流过电流 $i$ 时产生的磁通数，Wb；

$i$——流过线圈的交变电流，A；

$L$——自感，H。

自感是表示线圈能产生自感电动势大小的物理量，$L$ 越大，线圈产生的自感电动势也越大。当自感 $L$ 和线圈内介质磁导率 $\mu$

为常数时,自感电动势的大小与自感 $L$、电流变化率 $\frac{\Delta i}{\Delta t}$ 的乘积成正比,可用公式表示为:

$$e_L = -L\frac{\Delta i}{\Delta t}$$

式中: $e_L$——自感电动势, V。

（二）互感

两个线圈相互靠近时,当一个线圈内电流发生变化时,另一个线圈则会产生感应电动势,这种现象叫互感现象。由互感现象所产生的感应电动势称为互感电动势,用字母"$e_M$"表示。如图1-21所示。

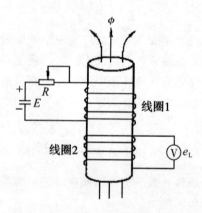

图 1-21 互感电动势产生示意图

线圈 1 对线圈 2 的互感能力称为互感量,用字母"$M$"表示。当两个线圈的互感量 $M$ 为常数时,互感电动势的大小是与互感量和另一个线圈中的电流变化率乘积成正比。若第一个线圈申的电流 $i_1$ 发生变化时,将在第二个线圈中产生互感电动势 $e_{M2}$,可用公式表示为:

$$e_{M2} = -M\frac{\Delta i_1}{\Delta t}$$

同理,若第二个线圈中的电流仍发生变化时,将在第一个线圈中产生互感电动势 $e_{M1}$,用公式表示为:

$$e_{M1} = -M\frac{\Delta i_2}{\Delta t}$$

式中:$e_{M1}$、$e_{M2}$——互感电动势,V;

　　　$M$——互感量,H。

在同一个变化的磁通作用下,两个线圈中感应电动势极性相同的端子为同名端,极性相反的两端为异名端。如图1-22所示,标有黑点的两端为同名端(更准确地讲,应称作同相位端或异相位端)。

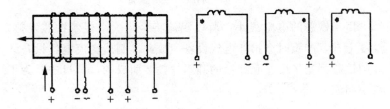

图1-22 互感电动势的极性

如果将圈数相同的两个互感线圈的同名端连接在一起,其余两端接在电路中。则两个互感线圈产生的磁通在任何时刻总是大小相等,方向相反。利用这一原理人们制造了无感线绕电阻和无感电烙铁等。

(三)涡流

涡流也是一种感应电流。当把线圈缠绕在铁芯上通以交变电流时,将会在铁芯的任何一个闭合曲线构成的回路中产生随交变电流的变化而做周期性变化的磁通,根据"动磁生电"的原理,使铁芯中产生感应电流,这种感应电流称为涡流。如图1-23所示。

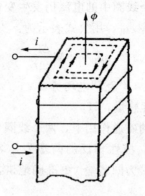

1-23 涡流产生示意图

由于铁芯的电阻很小,所以涡流将会很大,促使铁芯发热,温度上升,严重时会损坏电气设备。故此,制造交流电气设备线圈的铁芯都是采用相互绝缘的硅钢片叠装而成的,其目的是为了减小涡流。

## 第五节 交流电路

### 一、交流电的基本概念

交流电是方向和大小都随时间呈现周期性变化的电流、电压、电动势,简称为交流。普通应用的交流电是随时间按正弦曲线变化的。这种交流电叫做正弦交流电。如图1-24所示。

通过图1-24可以观察到电动势的大小和方向都是随时间按正弦曲线变化的,也就是说对应横坐标 $\omega t$ 上任一时刻都在曲线上对应一个数值。

(一)正弦交流电的基本物理量

1. 瞬时值

正弦交流电在变化过程中,任一瞬时 $t$ 所对应的交流量的数

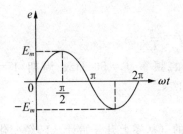 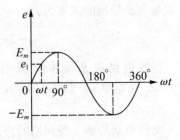

**图 1-24 正弦交流电的波形图**

值,称为交流电的瞬时值。用小写字母 $e$、$i$、$u$ 等表示。如图1-24 所示的 $e_1$,瞬时值的函数表达式为:

$$e = E_m \sin(\omega t + \varphi)$$

2. 最大值

正弦交流电变化一个周期中出现的最大瞬时值,称为最大值(也称极大值、峰值、振幅值)。用字母 $E_m$、$U_m$、$I_m$ 表示。

3. 周期

正弦交流电完成一个循环所需要时间称为周期,用字母"$T$"表示,单位为秒(s)。

4. 频率

正弦交流电在单位时间(1 s)内变化的周期数,称为交流电的频率,用字母 $f$ 表示,单位为 1/s,另作赫兹,用"Hz"表示。

一般 50 Hz、60 Hz 的交流电称为工频交流电。频率和周期的关系为:

$$f = \frac{1}{T}, \quad T = \frac{1}{f}$$

5. 角频率

交流电每秒时间内所变化的弧度数(指电角度)称为角频率,用字母 $\omega$ 表示,单位是 rad/s。

交流电在一个周期中变化的电角度为 $2\pi$ 弧度。因此,角频率和频率及周期的关系为：

$$\omega = 2\pi f = \frac{2\pi}{T}$$

在我国供电系统中交流电的频率 $f=50$ Hz、周期 $T=0.02$ s，角频率 $\omega=2\pi f=314$ rad/s。

6．相位

交流电动势某一瞬间所对应的（从零上升开始计）已经变化过的电角度（$\omega t+\varphi$）叫该瞬间的相位（或相角）。它反映了该瞬间交流电动势的大小、方向、增大还是减小状态的物理量。

7．初相位

交流电动势在开始研究它的时刻（常确定为 $t=0$）所具有的电角度，称为初相位（或初相角），用字母 $\varphi$ 表示，如图1-25所示。

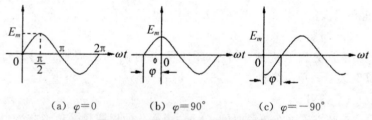

图1-25 不同初相位的正弦电动势

（二）怎样描述两交流量相位之间的关系

描述两交流量相位之间的关系用相位差，频率相同的正弦交流电的初相位之差，称为相位差。如：$e_1=E_{1m}\sin(\omega t+\varphi_1)$、$e_2=E_{2m}\sin(\omega t+\varphi_2)$，两个交流电动势的相位差为 $\varphi_{12}=\varphi_1-\varphi_2$。

(1) 同相：两个同频率正弦交流量的相位差为零称为同相。

(2) 反相：两个同频率交流量的相位差为180°时，称为反相。

(3) 超前：两个同频率交流量初相角大的那一个，叫做超前于另一个。

(4) 滞后：两个同频率交流量初相角小的那一个，叫做滞后于另一个。

一般，表示超前或滞后的角度时，以不超过180°为准，否则可以将超前的量化为滞后的量。例如：不说电压超前于电流240°，而说电压滞后于电流120°。

(三) 正弦交流电的有效值和平均值

1. 正弦交流电的有效值

当一个交流电流和一个直流电流分别通过阻值相同的电阻，经过相同的时间，产生同样的热量，我们把这个直流电流值叫做这个交流电流的有效值。用大写字母"$E$、$U$、$I$"表示。有效值与最大值的关系为：

$$U_m = \sqrt{2}U = 1.414U$$

$$U = \frac{1}{\sqrt{2}}U_m = 0.707U_m$$

2. 正弦交流电的平均值

正弦交流电的平均值在一个周期内等于零。通常情况下，我们所说的平均值是指正弦交流电流或电压在半个周期内的平均值。用字母"$E_{av}$、$U_{av}$、$I_{av}$"表示。平均值与最大值的关系为：

$$E_{av} = 0.637E_m$$
$$U_{av} = 0.637U_m$$
$$I_{av} = 0.637I_m$$

**二、正弦交流电的表示方法**

(一) 解析法

用三角函数式来表达正弦交流电与时间变化关系的方法称为解析法。交流电动势、电压、电流的三角函数表达式分别如下：

$$e = E_m \sin(\omega t + \varphi_e)$$
$$u = U_m \sin(\omega t + \varphi_u)$$
$$i = I_m \sin(\omega t + \varphi_i)$$

以上三式用来表示电动势、电压、电流在 $t$ 时刻的瞬时值。

（二）旋转矢量法

旋转矢量法是指用在平面直角坐标系中绕原点做逆时针方向旋转的矢量 $E_m$ 表示正弦交流电的方法。即用矢量的长度代表正弦交流电的最大值，用旋转矢量与横轴正向的夹角 $\varphi$ 代表正弦交流电的初相位，用旋转矢量在纵轴上的投影代表正弦交流电的瞬时值。这样就能把正弦交流电的三要素形象地表示出来，而且可以大大简化正弦量的加减计算。但必须注意只有同频率的正弦交流电才能在同一个图上表示，其加减才能采用旋转矢量法。如图 1-26 所示。

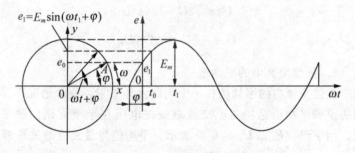

图 1-26　正弦波与旋转矢量对应图

（三）波形图法

利用平面直角坐标系中的横坐标表示电角度"$\omega t$"、纵坐标表示正弦交流电的瞬时值，画出它的正弦曲线，这种方法称为波形图法。如图 1-25 所示。这种方法可以直观地表示正弦交流量的变化状态、相互关系，但是不便于数学运算。如果采用旋转矢量法来表达正弦量就方便很多。

三、单相交流电路

（一）纯电阻电路

只含有电阻的交流电路，在实用中常常遇到，如白炽灯、电阻炉等。电路中电阻起决定性作用，电感电容的影响可忽略不计的电路可视为纯电阻电路。如图 1-27 所示电路。

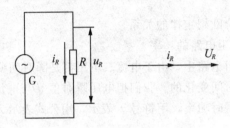

**图 1-27　纯电阻电路**

1. 电流与电压的相位关系

图 1-27 中，当电阻 $R$ 上流过的电流 $i_R = I_{Rm}\sin\omega t$ 时，则在电阻 $R$ 两端将产生同一频率的正弦电压为：

$$u_R = i_R R = R I_{Rm}\sin\omega t$$

令　　　　　$U_{Rm} = R I_{Rm}$

则：　　　　$u_R = U_{Rm}\sin\omega t$

由以上电阻上的电压和电流的三角函数式，可知，纯电阻元件在交流电路中，电压和电流的初相角相同。所以，电流和电压是同相的。如图 1-28 所示。

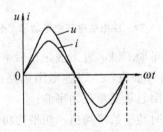

**图 1-28　纯电阻电路中电压、电流波形图**

2. 电流与电压大小的关系

纯电阻电路中，电压与电流比值是一个确定的值，所以电压与电流成正比，其有效值之间的关系为：

$$I = \frac{U}{R}$$

上式仍然符合欧姆定律的关系。

### 3. 纯电阻电路的功率

在纯电阻电路中，由于电流、电压都是随时间变化的，所以功率也是随时间变化的。我们把电压瞬时值 $u$ 与电流瞬时值 $i$ 的乘积，称为瞬时功率，用符号 $p$ 表示，用公式表示为：

$$p = ui$$

根据上式，把同一瞬间电压 $u$ 与电流 $i$ 的数值逐点对应相乘，就可以画出瞬时功率曲线，如图 1-29（a）所示。

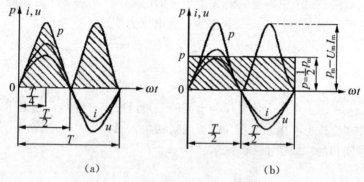

图 1-29 纯电阻电路中电功率波形图

我们发现在前半周 $i$ 和 $u$ 为正值，在后半周由于 $i$ 和 $u$ 均为负值，相乘后 $p$ 仍为正值，所以纯电阻电路的瞬时功率均为正值。由此可见，电阻总是要消耗功率的。

一个周期内瞬时功率的平均值，叫平均功率。由于这个功率是由电阻所消耗掉的，所以也叫有功功率，用字母"$P$"表示，单位是瓦，用字母"W"表示。

经数学推导证明，平均功率（有功功率）等于瞬时功率最大

值的一半,如图 1-29(b)所示。用公式表示为:

$$P = \frac{1}{2}U_m I_m = \frac{1}{2}\sqrt{2}U\sqrt{2}I = UI$$

或

$$P = I^2 R = \frac{U^2}{R}$$

式中:$P$——有功功率,W;

$U$——电阻上交流电压,V;

$I$——电阻上交流电流,A;

$R$——电阻,Ω。

由上式可见,该表达式与直流电路计算功率的公式形式一样。只不过在交流电路中电压、电流均为有效值。

(二)纯电感电路

电路中电感起决定性作用,而电阻、电容的影响可忽略不计的电路可视为纯电感电路。空载变压器、电力线路中限制短路电流的电抗器等都可视为纯电感负载。如图 1-30(a)所示。

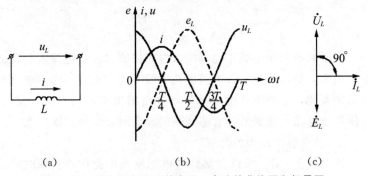

图 1-30 纯电感电路及其电压、电流的曲线图和相量图

1. 电流与电压的相位关系

在纯电感电路中,当通过交流电流时,由于电磁感应的存在,在电感线圈中,就要产生自感动势 $e_L$,这个自感电动势会阻碍线圈中电流的变化。这样,使得电感上的电压超前于电流 90°,

而电感上的电流又超前于自感电动势90°。因此，自感电动势与电压反相。

由于在纯电感电路中，可以认为线圈的电阻值为零，因此，电源电压 $u$ 在任何瞬时都与自感电动势 $e_L$ 的大小相等、方向相反，即 $u=-e_L$。电感线圈上的电压、自感电动势、电流三者之间的相位关系见图 1-30（c），电感线圈中的电流 $i$ 和自感电动势的波形可见图 1-30（b）。

2. 电流与电压大小的关系

由于电感线圈两端电压与电流相位不同，故不能简单地用欧姆定律来处理它们之间的数值关系，只有当电源频率和电感为常数时，电压与电流在数值上成正比，仍符合欧姆定律。电感具有阻碍电流通过的性质称为"感抗"。感抗分为自感感抗和互感感抗。自感感抗用字母 $X_L$ 表示，单位是 Ω。它与自感 $L$ 的关系为：

$$X_L = \omega L = 2\pi f L$$

纯电感电路中，感抗、电流有效值、电压有效值之间的关系可表达为：

$$I_L = \frac{U_L}{X_L} = \frac{U_L}{\omega L} = \frac{U_L}{2\pi f L}$$

由于感抗与频率成正比，所以电感线圈对高频电流所呈现的阻力很大，频率极高时，电路中几乎没有电流通过，而直流电没有频率变化，不产生自感电动势，电路相当于短路，电流很大。在使用电抗器、接触器等有感线圈的设备时，应注意这一点。

3. 纯电感电路中的功率

通过图 1-31，可以观察到纯电感交流电路中，其瞬时功率也是时间的正弦函数，其频率为电流的2倍，而且瞬时功率在每个周期内的平均功率为零（有功功率 $P=0$），所以电感不消耗能量，只对电源能量起交换作用，即同电源进行电能与磁能的能量交换。由于存在着能量交换，所以瞬时功率并不等于零。其瞬时功率的最大值称为无功功率，用 $Q_L$ 表示，单位是"乏尔"，简称为"乏",用符号 var 或千乏（kvar）表示。无功功率 $Q_L$ 数值的大小可用公式表示为：

$$Q_L = \frac{1}{2} U_{Lm} I_{Lm} = \frac{1}{2} \times \sqrt{2} U_L \times \sqrt{2} I_L = U_L I_L$$

无功功率绝对不是无用的功率，它是具有电感的设备建立磁场、储存磁能必不可少的工作条件。

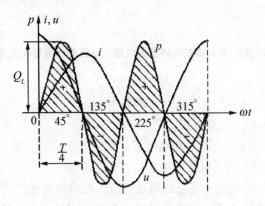

图 1-31 纯电感电路中功率的波形

（三）R-L 串联电路

这种电路是指电容特性可忽略不计，而电阻、电感特性起主导作用的串联电路，简称 R-L 串联电路。如带电感式镇流器的日光灯、电动机、变压器的绕组等都可以看做为 R-L 电路。其电路如图 1-32（a）所示。

1. 电流与电压的关系

R-L 串联电路中，流过电阻和流过电感的电流为同一电流，但电阻两端电压与电流同相、电感两端电压超前于电流 90°。见图 1-32（b）所示。

在交流电路中，两个相位不同的电压之和，不是有效值的代数和，应是相量和，即：

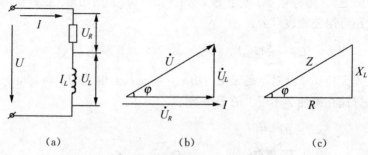

图 1-32 *R-L* 串联电路及其电压、电流的曲线图和相量图

$$\dot{U}=\dot{U}_R+\dot{U}_L$$
$$U=\sqrt{U_R^2+U_L^2}$$

式中：$U$——总电压，V；

$U_R$——电阻两端电压，V；

$U_L$——电感两端电压，V。

电阻与感抗对交流电流的通过所产生的综合的阻碍作用称为阻抗，用字母 $Z$ 表示，单位是 $\Omega$。将 $U_R=IR$、$U_L=IX_L$ 代入上式可得：

$$U=\sqrt{U_R^2+U_L^2}=\sqrt{(IR)^2+(IX_L)^2}=I\sqrt{R^2+X_L^2}$$
$$\frac{U}{I}=\sqrt{R^2+X_L^2}$$
$$\dot{U}=\dot{I}Z$$
$$|Z|=\sqrt{R^2+X_L^2}$$

由 $Z$、$R$、$X_L$ 组成的三角形称为阻抗三角形，$\varphi$ 角称为阻抗角，如图 1-32 (c) 所示。由阻抗三角形可知：

$$\cos\varphi=\frac{R}{|Z|}$$

2. *R-L* 电路中的功率

在 *R-L* 电路中既有能量的消耗，也存在着能量的转换，也就是说既存在有功功率 $P$，也存在无功功率 $Q_L$。

在交流电路中总电流与总电压的乘积,叫视在功率,用字母 $S$ 表示,单位为"伏安"(V·A)或"千伏安"(kV·A)。视在功率可表示为:

$$S=UI$$

视在功率表示电源提供的总容量。如变压器的容量就是用视在功率表示的。根据有功功率和无功功率的定义,结合电压三角形可知:

$$P=U_R I=UI\cos\varphi=S\cos\varphi$$

在 $R$-$L$ 电路中,由于自感电动势的作用,当切断电源时,电感上会因自感电动势的存在出现很高的过电压,在电力和电子线路中,经常会把接点(开关触头)烧蚀,还会将晶体管击穿。因此,有时在开关两端并联一个 $R$-$C$ 电路来"吸收"自感电动势以降低触点电压。

【例 1-6】将电阻为 6 Ω,电感为 25.5 mH 的线圈接在 220 V 的电源上,试计算电源频率为 50 Hz 时:(1)感抗与阻抗;(2)电流;(3)有功功率、无功功率及视在功率。

解:(1) $X_L = 2\pi fL = 2\times 3.14\times 50\times 25.5\times 10^{-3} \approx 8$ (Ω)

$$Z = \sqrt{R^2 + X_L^2} = \sqrt{6^2 + 8^2} = 10 \text{ (Ω)}$$

(2) $I = \dfrac{U}{Z} = \dfrac{220}{10} = 22$ (A)

(3) $P = I^2 R = 22^2 \times 6 = 2904$ (W)

$Q = I^2 X_L = 22^2 \times 8 = 3872$ (var)

$S = IU = 22 \times 220 = 4840$ (V·A)

(四)纯电容电路

由绝缘电阻很大、介质损耗很小的电容器组成的交流电路,可以近似认为是纯电容电路。电容器的应用十分广泛,在电力系统中常用它来调整电压、改善功率因数。纯电容电路如图 1-33(a)所示。

1. 电压和电流的相位关系

当电容器接到交流电源上时,由于交流电压的大小和方向不断变化,电容器就不断地进行充放电,便形成了持续不断的交流

电流,其瞬时值等于电容器极板上电荷变化率。即:

$$i = \frac{\Delta q}{\Delta t}$$

式中:$\Delta q$——电容器上电荷量的变化值;

$\Delta t$——时间的变化值。

因为 $q = CU_C$,所以:

$$i = C\frac{\Delta U_C}{\Delta t}$$

式中:$\frac{\Delta U_C}{\Delta t}$——电容两端电压的变化率。

由此可见,电容器上电流的大小与电压变化率成正比。假设在电容器两端加一正弦交流电压,通过对图 1-33(b)的电压、电流曲线图的分析,可以得知,电压与电流之间存在着相位差,即电容器上的电流超前于电容器两端电压 90°,它们的相量图如图 1-33(c)所示。同时得知电容器上电流变化规律及频率与电压相同,均为正弦波。

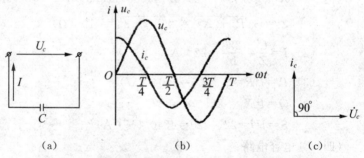

图 1-33 电容电路及其电压、电流的曲线图和相量图

2. 电流和电压的数量关系

在纯电容电路中,电容具有阻碍交流电流通过的性质,称为容抗,用符号"$X_C$"表示,单位是 Ω,其表达式为:

$$X_C = \frac{1}{2\pi f C} = \frac{1}{\omega C}$$

容抗与频率成反比。所以,电容器对高频交流电来讲容易形成充放电电流,而对低频交流电而言不容易形成充放电电流。

纯电容电路中,容抗、电流有效值与电压有效值的关系为:
$$I_C = \frac{U_C}{X_C} = 2\pi fCU_C$$

3. 纯电容电路上的功率

在纯电容电路中,电容器不断地充电放电,电源的电能只是与电容器内储存的电场能之间不断转换,其瞬时功率在一个周期内的平均值为零。即有功功率 $P=0$,所以,它并没有消耗电源的电能。其瞬时功率的最大值也叫无功功率,用 $Q_C$ 表示,单位是"乏",用符号"var"表示。其瞬时功率波形图如图1-34所示。

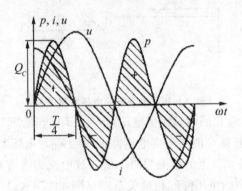

图 1-34 瞬时功率波形图

$$Q_C = \frac{1}{2}U_{Cm}I_{Cm} = \frac{U_{Cm}}{\sqrt{2}} \times \frac{I_{Cm}}{\sqrt{2}} = U_C I_C$$

(五) R-L-C 串联电路

由电阻 $R$、电感 $L$ 和电容 $C$ 组成的串联电路,简称为 R-L-C 串联电路,如图1-35所示。

当电路接通交流电压 $U$ 时,由于流过各元件上的电流均为 $I$,在电阻 $R$ 两端产生的电压降 $U_R = IR$,电流 $I$ 与电压 $U_R$ 相位

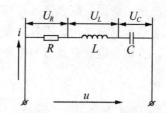

**图 1-35 R-L-C 串联电路**

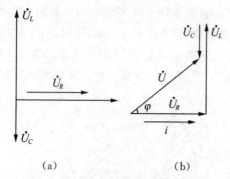

**图 1-36 串联电路电压相量关系**

相同；在电感 $L$ 的两端产生电压降 $U_L=IX_L$，电压 $U_L$ 超前于电流 $90°$；在电容 $C$ 两端产生电压降 $U_C=IX_C$，电压 $U_C$ 滞后电流 $90°$。由于各元件上的电流为同一值，故电流为参考相量。在 $R$、$L$、$C$ 上产生的电压降的相量关系，见图 1-36 (a) 所示。根据已掌握的知识得知，串联电路中，总电压等于各分电压之和，但由于各元件上电压相位不同，故只有用相量和的方法求得，即：

$$\dot{U}=\dot{U}_R+\dot{U}_L+\dot{U}_C$$

根据 $\dot{U}_R$、$\dot{U}_L$、$\dot{U}_C$ 组成的电压三角形，如图 1-36 (b) 所示。其总电压的大小，可由下式计算：

$$U=\sqrt{U_R^2+(U_L-U_C)^2}$$

由 $U_R=IR$，$U_L=IX_L$，$U_C=IX_C$ 可得：

$$U=I\sqrt{R^2+(X_L-X_C)^2}$$

其中 $\sqrt{R^2+(X_L-X_C)^2}$ 可用字母 |Z| 表示，即：
$$Z=\sqrt{R^2+(X_L-X_C)^2}=\sqrt{R^2+X^2}$$

式中：|Z| 称为阻抗，单位是 Ω，它包括电阻和电抗两部分，而式中 X 称为电抗，它是由感抗和容抗两部分构成。

由于 $Z=\sqrt{R^2+X^2}$，$U=I\sqrt{R^2+X^2}$，故：
$$U=IZ$$

即 R-L-C 串联电路总电压有效值等于电路中电流有效值与阻抗的乘积。总电压 U 与电流 I 的相位关系可由图 1-36（b）来确定。先求出它的余弦或正切函数，然后再求出其角度。

$$\cos\varphi=\frac{R}{Z}$$

$$\tan\varphi=\frac{X}{R}=\frac{X_L-X_C}{R}$$

由上式可见，总电压 $\dot{U}$ 与电流 $\dot{I}$ 的相位差和 R、$X_L$、$X_C$ 有关，其方向决定于 $X_L$ 和 $X_C$ 的差。

当 $X_L>X_C$ 时，$\varphi>0$，$X_L-X_C$ 和 $\dot{U}_L-\dot{U}_C$ 均为正值，总电压超前于电流，电感的作用大于电容的作用，此时总电路呈电感性。

当 $X_L<X_C$ 时，$\varphi<0$，$X_L-X_C$ 和 $\dot{U}_L-\dot{U}_C$ 均为负值，总电压滞后于电流，电容的作用大于电感的作用，此时总电路呈电容性。

当 $X_L=X_C$ 时，$\varphi=0$，$X_L-X_C=0$，$\dot{U}_L=\dot{U}_C$，这时总电压与电流同相，电路中电流 $I=\frac{U}{R}$ 为最大，此时总电路呈电阻性。这种状态称为串联谐振。其特点是电感或电容两端电压可能大于电源电压。

（六）R-L 串联再与 C 并联

在交流电路中,当线圈中电阻不可忽略,它和电容的并联电路,称为电阻电感与电容并联电路,有时简称 R-L 与 C 并联电路,如图 1-37 (a) 所示。在这种电路中,总电流分为两条支路,每一条支路上的电流可用欧姆定律的交流形式计算。通过接有线圈一条支路上的电流为:

$$I_1 = \frac{U}{\sqrt{R^2 + X_L^2}}$$

式中:$I_1$—— 通过线圈的电流,A;

$U$—— 加在线圈两端的电压,V;

$R$—— 线圈电阻,Ω;

$X_L$—— 线圈感抗,Ω。

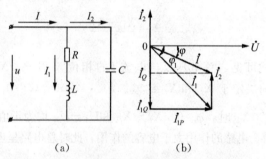

(a)  (b)

**图 1-37 R-L 串联与 C 并联电路及电流相量图**

通过接有电容支路上的电流为:

$$I_2 = \frac{U}{X_C}$$

式中:$I_2$—— 通过电容器的电流,A;

$U$—— 加在电容器两端的电压,V;

$X_C$—— 电容的感抗,Ω。

根据并联电路的特点,电路总电流等于两条支路上的电流之和,但是由于 $\dot{I}_1$ 和 $\dot{I}_2$ 的相位不同,所以不能用代数和,只能用相量和的方法,求其电路总电流。因两条支路电压相同,故以电路电压为参考量,画出相量图,如图 1-37 (b) 所示。因支路电流 $\dot{I}_2$ 超前于电压 90°,其电流大小由电源电压和容抗决定,即 $\dot{I}_2 = \dfrac{U}{X_C}$。由于电阻 R 的存在,所以电感支路电流 $\dot{I}_1$ 并非滞后电压 90°,而是滞后电压 $\varphi_1$,$\varphi_1$ 的大小由电阻 R 与感抗 $X_L$ 的比值来决定,可用公式 $\varphi_1 = \arctan\left(\dfrac{X_L}{R}\right)$ 来计算。$\dot{I}_1$ 的大小是由电源电压和该支路的阻抗来决定,即:

$$I_1 = \frac{U}{Z} = \frac{U}{\sqrt{R^2 + X_L^2}}$$

在相量图上计算总电流时,可先将 $\dot{I}_1$ 分解成有功分量 $\dot{I}_{1P}$ ($I_{1P} = I_1\cos\varphi_1$) 及无功分量 $\dot{I}_{1Q}$ ($I_{1Q} = I_1\sin\varphi_1$),则电路总的无功分量 $\dot{I}_Q = \dot{I}_{1Q} + \dot{I}_2$ (在数值上为 $I_Q = I_{1Q} - I_2$),总电流为:

$$I = \sqrt{(I_1\cos\varphi_1)^2 + (I_1\sin\varphi_1 - I_Q)^2}$$

总电流与总电压的相位差 $\varphi$ 的计算,可由下式得出:

$$\varphi = \arctan\frac{I_1\sin\varphi_1 - I_Q}{I_1\cos\varphi_1}$$

$\varphi < 0$,表示电流滞后电压 $\varphi$ 角,电路呈感性;

$\varphi > 0$,表示电流超前电压 $\varphi$ 角,电路呈容性;

$\varphi = 0$,表示电流与电压相同,电路呈电阻性,此种状态为并联谐振或称为电流谐振。

从图 1-37 (b) 中可见,电感性负载与电容并联后,电路中的总电流与电源电压的相位角 $\varphi$ 比并联电容前减少了,说明功率因数 $\cos\varphi$ 增大了。

综上所述,在电力系统中发生并联谐振时,在电感和电容元件中会流过很大的电流,因此会造成电路的熔丝熔断或烧毁电器设备。

(七) 功率因数和无功功率补偿

在交流电路中,电压与电流之间的相位差 ($\varphi$) 的余弦叫功率因数。用符号 $\cos\varphi$ 表示。根据功率三角形可知功率因数在数值上等于有功功率 $P$ 与视在功率 $S$ 的比值，即：

$$\cos\varphi = \frac{P}{S}$$

功率因数的大小与电路的负荷性质有关，电阻性负荷的功率因数等于1，具有电感性负荷的功率因数小于1。求功率因数大小的方法很多，常用的方法有两种：

（1）直接计算法，即：

$$\cos\varphi = \frac{P}{S} \text{ 或 } \cos\varphi = \frac{R}{|Z|}$$

（2）若有功电能以 $W_P$ 表示，无功电能以 $W_Q$ 表示，则功率因数平均值为：

$$\cos\varphi = \frac{W_P}{\sqrt{W_P^2 + W_Q^2}}$$

变压器等电器设备都是根据其额定电压和额定电流设计的，它们都有固定的视在功率。功率因数越大，表示电源发出的电能转换为有功电能越高，这是我们所希望的；反之功率因数越低，电源发出的电能被利用得越少，同时增加了线路电压损失和功率损耗，这就需要我们设法来提高电力系统的功率因数，提高电源设备的利用率。

因此，利用电容器上的电流与电感负载上的电流在相位上相差180°的特点，也就是说它们的方向是相反的，相互抵消的，这样把它们接在同一系统中就可以减小线路上的无功电能，从而使系统的功率因数得到提高。这就是利用电容器的无功功率来补偿电感性负载上无功功率，提高有功功率的成分，达到提高系统中功率因数的目的。这样就可使发电设备得到充分利用，同时也降低了线路上的电压损失和功率损耗。

### 四、三相交流电路

（一）三相电动势的产生

三相交流电一般由三相发电机产生。其原理可由图 1-38 说明。

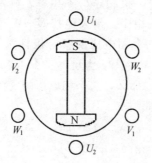

图 1-38 三相发电机原理图

发电机定子上有 $U_1-U_2$、$V_1-V_2$、$W_1-W_2$ 三组绕组,每组绕组称为一相,各相绕组匝数相等、结构一样,对称地排放在定子铁心内侧的线槽里。在转子上有一对磁极的情况下,三组绕组在排放位置上互差 $120°$。转子转动时 $U_1-U_2$、$V_1-V_2$、$W_1-W_2$ 绕组中分别产生同样的正弦感应电动势。但当 N 极正对哪一相绕组时,该相感应电动势产生最大值。显然,V 相比 U 相滞后 $120°$,W 相比 V 相滞后 $120°$,U 相比 W 相滞后 $120°$,三相电动势随时间变化的曲线如图 1-39 所示。这种大小相等频率相同,但在相位上互差 $120°$ 的电动势称为对称三相电动势。同样,最大值相等、频率相同,相位相差 $120°$ 的三相电压和电流分别称为对称三相电压和对称三相电流。

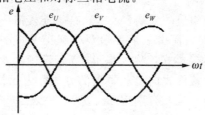

图 1-39 三相交流电波形图

三相交流电动势在时间上出现最大值的先后顺序称为相序。相序一般分为正相序、负相序、零相序。最大值按 $U-V-W-U$ 顺序循环出现为正相序。最大值按 $U-W-V-U$ 顺序循环出现为负相序。如令三个相电压的参考极性都是起始端 $U_1$、$V_1$、$W_1$ 为正,尾端 $U_2$、$V_2$、$W_2$ 为负,又令 $U_1$-$U_2$ 绕组中的电动势 $e_U$ 为参考正弦量,那么,三个相电压的函数表达式为:

$$e_U = E_{Um} \sin\omega t$$
$$e_V = E_{Vm} \sin(\omega t - 120°)$$
$$e_W = E_{Wm} \sin(\omega t + 120°)$$

对称三相交流电动势的相量图,如图 1-40 所示。

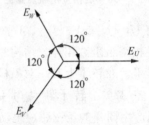

1-40 三相交流电动势相量图

(二)三相电源的连接

在生产中,三相交流发电机的三个绕组都是按一定规律连接起来向负载供电的。通常有两种方法:一种是星形(Y)连接;另一种是三角形(△)连接。

1. 星形连接

将电源三相绕组的末端 $U_2$、$V_2$、$W_2$ 连接在一起,成为一个公共点(中性点),而由三个首端 $U_1$、$V_1$、$W_1$ 分别引出三条导线向外供电的连接形式,称为星形(Y)连接。如图 1-41(a)所示。以这种连接形式向负载供电的方式称为三相三线制供电。这三条导线叫做相线,分别用 $L_1$、$L_2$、$L_3$ 表示。在这三条相线中,任意两条相线间的电压称为线电压,用符号"$U_l$"表示。

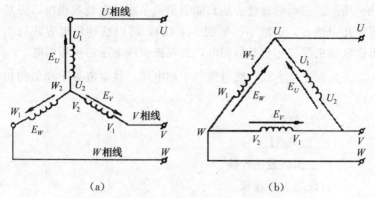

**图 1-41 三相交流电源的连接**

在上述连接形式向外供电的基础上,再加上由中性点(已采取中性点工作接地的)引出一条导线,称为零线,用字母 $N$ 表示。任一条相线与零线间的电压称为相电压,用"$U_\varphi$"表示。这种以四条导线向负载供电的方式,称为三相四线制供电。

三相四线制供电方式,可向负载提供两种电压,即:相电压和线电压。相电流是指流过每一相电源绕组或每一相负载中的电流,用符号"$I_\varphi$"表示。任一条相线上的电流称为线电流,用"$I_l$"表示。

在三相交流电星形接法中,经数学推导可以证明,三相平衡时线电压为相电压的 $\sqrt{3}$ 倍,线电流等于相电流。即:

$U_l = \sqrt{3} U_\varphi$

$I_l = I_\varphi$

因此,380 V/220 V 的三相四线制供电线路可以提供给电动机等三相负载用电,同时还可以供给照明等单相用电。

2. 三角形连接

将三相绕组的各末端与相邻绕组的首端依次相连,即 $U_2$ 与 $V_1$、$V_2$ 与 $W_1$、$W_2$ 与 $U_1$ 相连,使三个绕组构成一个闭合的三角形回路,这种连接方式,称为三角形连接(△)。如图 1-41

(b) 所示。三角形连接方法只能引出三条相线向负载供电，因其不存在中性点，不能引出零线（N 线），所以这种供电方式只能提供电动机等三相负载的用电，或仅提供线电压的单相用电。

三角形连接方式，线电压等于相电压；线电流等于 $\sqrt{3}$ 倍的相电流。即：

$$U_l = U_\varphi$$
$$I_l = \sqrt{3} I_\varphi$$

（三）三相负载的连接

1. 负载的星形连接

三组单相负载接入三相四线制供电系统中适用图 1-42（a）的接法。三相负载星形连接适用图 1-42（b）的接法。

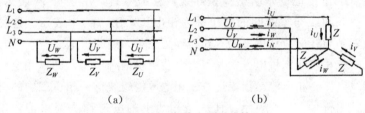

图 1-42　负载为星形连接

在星形连接的三相负载电路中，线电流等于相电流，这种关系对于对称星形和不对称星形电路都是成立的。如果是对称的三相负载，线电压等于相电压的 $\sqrt{3}$ 倍。即：

$$U_l = \sqrt{3} U_\varphi$$
$$I_l = I_\varphi$$

2. 负载的三角形连接

负载的三角形连接，如图 1-43 所示。在三角形连接的三相负载电路中，线电压等于相电压，无论三角形负载对称与否都成立。三相对称负载作三角形连接时，线电流等于相电流的 $\sqrt{3}$ 倍。即：

$$U_l = U_\varphi$$
$$I_l = \sqrt{3} I_\varphi$$

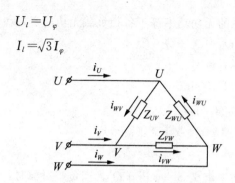

**图 1-43 负载的三角形连接**

(四) 三相交流电路的功率

在对称三相电路中，其总功率等于各相负载功率之和。即：
$$P = P_U + P_V + P_W$$
$$P = U_U I_U \cos\varphi_U + U_V I_V \cos\varphi_V + U_W I_W \cos\varphi_W$$

不论是有功功率、无功功率还是视在功率均符合这个原则。

1. 有功功率

在对称三相电路中，三相负载所消耗的有功功率等于 3 倍单相负载消耗的有功功率，即：
$$P = 3 U_\varphi I_\varphi \cos\varphi$$

当对称负载为星形连接时：
$$U_\varphi = \frac{1}{\sqrt{3}} U_l$$
$$I_l = I_\varphi$$

当对称负载为三角形连接时：
$$U_\varphi = U_l$$
$$I_\varphi = \frac{1}{\sqrt{3}} I_l$$

所以：$P = \sqrt{3} U_l I_l \cos\varphi$

其单位为 W 或 kW。

2. 无功功率

三相负载总的无功功率等于各相负载无功功率之和，即：

$$Q = Q_U + Q_V + Q_W$$

当对称负载对称时：

$$Q = 3U_\varphi I_\varphi \sin\varphi$$

即：$Q = \sqrt{3} U_l I_l \sin\varphi$

其单位为乏（var）或千乏（kvar）。

3. 视在功率

根据视在功率定义 $S = \sqrt{P^2 + Q^2}$，当负载对称时：

$$S = \sqrt{P^2 + Q^2}$$

$$S = \sqrt{(\sqrt{3} U_l I_l \cos\varphi)^2 + (\sqrt{3} U_l I_l \sin\varphi)^2}$$

$$S = \sqrt{3} U_l I_l$$

其单位为伏安（V·A）或千伏安（kV·A）。有功功率 $P$、无功功率 $Q$ 与视在功率 $S$ 三者之间关系为：

$$S = \sqrt{P^2 + Q^2}$$

$$P = \sqrt{S^2 - Q^2}$$

$$Q = \sqrt{S^2 - P^2}$$

在实际工作中，我们应注意的是：在相同的线电压条件下，同一组负载作为三角形连接时的有功功率是负载为星形连接时有功功率的 3 倍，对于无功功率也是如此。

# 第二章 电工器材简介

## 第一节 电工材料

### 一、导电材料

导电材料又称导体。通俗地讲,导电材料就是能够允许电流在其中通过的材料。

(一)常用导电材料的分类

导电材料的用途是输送和传递电流,一般分为良导体材料和高电阻材料。

1. 良导体材料

常用的良导体材料主要有铜、铝、钢、钨、锡、铅等,其中:铜、铝、钢主要用于制作各种导线或母线;钨的熔点较高,主要用于制作灯丝;锡的熔点低,主要用于导线的接头焊料和熔丝(俗称保险丝,一般是铅锡合金)。

2. 高电阻材料

常用高电阻材料主要有康铜、锰铜、镍铬、铁铬铝等,它们主要用来制作电阻器和电工及电气仪表的电阻元件。

对导电材料(特别是电线用导电材料)的基本要求是电阻低、熔点高、机械性能好、密度小、电阻温度系数小。常用导电材料的物理性能见表2-1。

(二)常用电线材料的性能

(1)铜:铜是一种比较重要的导电材料。它的电阻率很小,密度为8.89,具有较高的锻造性、延伸性和耐蚀性。铜可分为硬铜和软铜,硬铜的机械强度高,抗拉强度约为40 kg/mm$^2$,

表 2-1　　　　　常用导电材料的物理性能

| 名称 | 密度 (g/cm³) | 20℃时电阻率 (ρ·Ω) | 平均电阻温度系数 α (由 0~100)(℃) | 熔点 (℃) |
|---|---|---|---|---|
| 铝 | 2.7 | 0.028 3 | 0.004 0 | 657 |
| 钨 | 19.32 | 0.055 | 0.005 | 3 300 |
| 铜 | 8.89 | 0.017 2 | 0.003 93 | 1 083 |
| 锡 | 7.31 | 0.114 | 0.004 38 | 232 |
| 铅 | 11.34 | 0.222 | 0.003 87 | 327.4 |
| 钢 | 7.8 | 0.10 | 0.006 25 | 1 400 |
| 锌 | 7.14 | 0.061 | 0.004 19 | 439 |

常用作电车滑触线、架空线、配电装置的母线等；软铜的抗拉强度约为 20 kg/mm²，常用作电缆、电线等的线芯。

（2）铝：铝也是一种比较重要的导电材料，其电阻率小，密度为 2.7，有一定的延伸性和耐蚀性。铝也可分为硬铝和软铝两种，常用作电缆、导线和母线的线芯等。

（3）钢：钢是含碳量低于 2% 的一种铁碳合金，其电阻率为 0.1，密度为 7.8，具有很高的锻造性、延伸性和机械强度。常用作小功率架空线路的导线、接地装置及连接线和钢芯铝绞线等。

（三）导线

导线又称为电线，常用的导线可分为裸导线和绝缘导线。导线线芯的要求为导电性能好、机械强度大、质地均匀、表面光滑、无裂纹、耐腐蚀性好；导线的绝缘层要求绝缘性能好、质地柔韧并具有相当的机械强度，能耐酸、碱、油、臭氧的侵蚀。

1. 导线的表示方法

表示导线材料的字母主要有以下几种：

T：表示铜质材料；

L：表示铝质材料；

G：表示钢质材料；

Y：表示硬质材料；

R：表示软质材料；

J：表示绞合线材料；

X：表示橡皮绝缘材料；

V：表示塑料绝缘材料；

B：在绝缘导线表示方法中，绝缘层或外护层的表示，主要有布线、玻璃丝编织线、棉纱编织线等。

导线一般用字母的组合表示。

（1）裸导线的表示：裸导线的型号表示方法及其含义如下：LGJ—50/8 中，LGJ 表示钢芯铝绞线；50 表示铝线芯截面（$mm^2$）；8 表示钢线芯截面（$mm^2$）。

（2）绝缘导线的表示：绝缘导线的型号表示方法及其含义如下：BBLX—500—1×50 中，第一个 B 表示布线；第二个 B 表示玻璃丝编织；L 表示铝芯导线；X 表示橡皮绝缘；500 表示额定电压；1 表示导线根数；50 表示标称截面。

另外，如果不标第二个字母"B"表示棉纱编织，不标第三个字母"L"表示是铜芯导线。

2. 裸导线

没有绝缘层的导线称为裸导线。裸导线分为裸单线（单股导线）和裸绞线（多股绞合线）两种，主要用于室外架空线路。

（1）裸单线：常用的圆形裸单线有铜质和铝质两类，铝质的有 LY、LR 两种，一般用作电线和电缆的线芯；铜质的有 TY、TR 两种。其电气性能见表 2-2。

表 2-2　　铝质和铜质裸线的电气性能（$t=20$ ℃）

| 名称型号 | | 电阻率（20 ℃时）（Ω·m） | 电阻温度系数（20 ℃时） |
|---|---|---|---|
| LY | | 0.029 0 | 0.004 03 |
| LY 与 LR | | 0.028 3 | 0.004 10 |
| TY | 直径 1.00 mm 以下 | 0.018 1 | 0.003 85 |
| | 直径 1.01～6.00mm 时 | 0.017 9 | |
| TR | | 0.017 48 | 0.003 95 |

（2）裸绞线：裸绞线是将多根圆单线绞合在一起的绞合线。这种导线比较柔软并具有一定的机械强度。其表示方法是将股数和直径写在一起，如 7×2 表示用 7 股直径为 2 mm 单芯线绞合而成。

裸绞线的型号及主要用途见表 2-3。

表 2-3　　裸绞线的型号及主要用途

| 型号 | 名称 | 主要用途 |
|---|---|---|
| LJ | 硬铝绞线 | 低压及高压架空输电用 |
| LGJ | 钢芯铝绞线 | 需要提高拉力强度的架空输电用 |
| TJ | 硬铜绞线 | 低压及高压架空输电用 |

3. 绝缘导线

具有绝缘包层（单层或数层）的电线称为绝缘导线。绝缘导线按线芯材料分为铜芯和铝芯；按线芯股数分为单股和多股；按线芯结构分为单芯、双芯和多芯；按绝缘材料分为橡皮绝缘导线和塑料绝缘导线等。

（1）橡皮绝缘导线：橡皮绝缘导线的结构一般为线芯外面包一层橡皮作绝缘层，绝缘层外面再包一层棉纱或玻璃丝编织作为保护层。它可用于室内外线路的敷设，长期工作温度不超过

+65℃。交流电压在 250 V 以下的橡皮绝缘导线只能用于照明线路。常用低压橡皮绝缘导线的型号和主要用途见表 2-4。

表 2-4　　　　线皮绝缘导线的型号和主要用途

| 型号 | 名称 | 主要用途 |
|---|---|---|
| BX | 铜芯橡皮线 | 供干燥和潮湿场所固定敷设用；用于交流额定电压 250 V 和 500 V 的电路中 |
| BXR | 橡皮软线 | 供交流电压 500 V 或直流电压 1 000 V 电路中配电和连接仪表用；适用管内敷设 |
| BXS | 双芯橡皮线 | 供干燥场所敷设在绝缘子上用；用于交流额定电压 250 V 的电路中 |
| BXH | 橡皮花线 | 供干燥场所移动式设备接线用，线芯的额定电压 250 V |
| BLX | 铝芯橡皮线 | 与 BX 型号导线相同 |
| BXG | 铜芯穿管橡皮线 | 供安装在干燥和潮湿场所，连接电气设备移动部分用；交流额定电压 500 V |
| BLXG | 铝芯穿管橡皮线 | 与 BX 型号导线相同 |

（2）塑料绝缘导线：塑料绝缘导线一般用聚氯乙烯作绝缘包层（俗称塑料绝缘线），绝缘层外有护套层的称为塑料护套线。塑料绝缘导线具有耐油、耐酸、耐腐蚀、防潮、防霉等特点，常用于 500 V 以下的室内照明线路。一般为穿管敷设，护套线可直接敷设在空心板内和墙壁上。常用塑料绝缘导线的型号和主要用途见表 2-5。

表 2-5　　　　塑料绝缘导线的型号和主要用途

| 型　号 | 名　称 | 主要用途 |
|---|---|---|
| BLV（BV） | 铜（铝）芯塑料线 | 交流电压 500 V 以下，直流电压 1 000 V 以下室内固定敷设 |
| BLVV（BVV） | 铜（铝）芯塑料护套线 | 交流电压 500 V 以下，直流电压 1 000 V 以下室内固定敷设 |
| BVR | 铜芯塑料软线 | 交流电压 500 V 以下，要求电线比较柔软的场所敷设 |
| BLV—1（BV—1） | 室外用铜（铝）芯塑料线 | 500 V；室外固定敷设用 |
| BLVV—1（BVV—1） | 室外用铜（铝）芯塑料护套线 | 500 V；室外固定敷设用 |
| BVR—1 | 室外用铜芯塑料软线 | 500 V；要求电线在比较柔软的场所敷设 |
| RVB | 平行塑料绝缘软线 | 250 V；室内连接小型电器，移动或半移动敷设时用 |
| RVS | 双绞塑料绝缘软线 | 250 V；室内连接小型电器，移动或半移动敷设时用 |

（四）电缆

电缆是一种多芯导线，即在一个绝缘软套内裹有多根互相绝缘的线芯。电缆的种类很多，有电力电缆、控制电缆、通讯电缆等。在电气工程中常用的有电力电缆和控制电缆，其型号和主要用途见表 2-6。

表 2-6　　　　　　　电缆的型号及主要用途

| 名　称 | 型　号 | 主要用途 |
| --- | --- | --- |
| 中型橡套电缆<br>重型橡套电缆<br>电焊机用橡套软电缆<br>电焊机用橡套特软电缆 | YHZ<br>YHC<br>YHH<br>YHHR | 500V，电缆能承受相当机械外力<br>500V，电缆能承受较大机械外力<br>供连接电源用<br>主要供连接卡头用 |
| 聚氯乙烯绝缘及护套控制电缆 | KVV系列 | 用于固定敷设，供交流500V及以下或直流1 000V及以下配电装置，作为仪表电器连接用 |
| 聚氯乙烯绝缘及护套电力电缆 | VV系列<br>VLV系列 | ①用于固定敷设，供交流500V及以下或直流1 000V以下电力线路<br>②用于1～6 kV电力线路 |

1. 电力电缆

电力电缆是用来输送和分配大功率电能的专用导线。

（1）电缆的结构：电缆由缆芯、绝缘层和保护层三个主要部分构成，如图2-1所示。

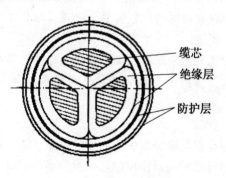

图 2-1　电力电缆剖面

缆芯：缆芯通常采用高导电率的铜或铝制成，截面有圆形、半圆形、扇形等多种，均有统一的标称等级。线芯有单芯、双芯、三芯和四芯等几种。单芯和双芯电缆一般用来输送直流电和单相交流电；三芯电缆用来输送三相交流电；四芯电缆（中性线线芯截面较小）用于中性点直接接地的三相四线制配电系统中。

绝缘层：电缆的绝缘层通常采用纸、橡皮、塑料等做成，作用是将线芯与线芯、线芯与保护层互相绝缘和隔开。

保护层：电缆外面的保护层是保护线芯和绝缘层的，分内保护层和外保护层。内保护层保护绝缘层不受潮湿并防止电缆浸渍剂外流，常用铅、塑料、橡套等做成。外保护层保护绝缘层不受机械损伤和化学腐蚀，常用的有沥青麻护层、钢带铠装等几种。

（2）常用电力电缆：常用电力电缆有以下几种。

油浸纸绝缘铝包（或铅包）电力电缆：其构造如图 2-2 所示，特点是耐压高、耐热性能好、机械强度高、使用年限长；缺点是制造工艺复杂，价格较高。

聚氯乙烯绝缘聚氯乙烯护套电力电缆：这种电缆简称全塑电缆（也有带铠装保护层的全塑电缆），特点是价格适宜、绝缘性能好、抗腐蚀性能好，并具有一定的机械强度，制作简单，敷设、安装、维修和接续均比较容易，已逐步取代了油浸纸绝缘铝包（或铅包）电缆。

交联聚氯乙烯绝缘聚氯乙烯护套电力电缆：这种电缆的电气性能更加优越，可用于 35 kV 的高压系统中，其构造如图 2-3 所示。

2. 控制电缆

控制电缆是在配电装置中传导信号电流、连接电气仪表及继电保护装置和自动控制回路用的，一般为多芯低压电缆，其构造与电力电缆相似，如图 2-4 所示。这种电缆一般在交流 500 V 直流 1 000 V 以下的电压下运行。因电流不大，且是间断性负荷，所以截面较小，一般在 1.5～10 mm。控制电缆按绝缘材料

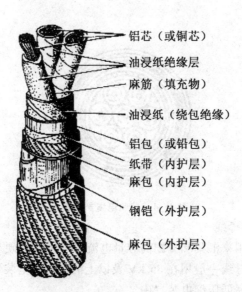

图 2-2 油浸纸绝缘铝包电力电缆

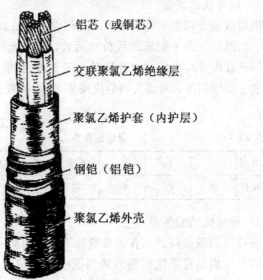

图 2-3 交联聚氯乙烯绝缘聚氯乙烯护套电力电缆

也可分油浸纸绝缘控制电缆、橡胶绝缘控制电缆和塑料绝缘控制电缆等。

图 2-4 控制电缆剖面图

（五）硬母线

母线是用来汇集和分配高容量电流的导体，有硬母线和软母线之分。软母线一般用在 35 kV 及以上的高压配电装置中，硬母线一般用在高低压配电装置中。

1. 硬母线的特征

硬母线通常用铝和铜质材料加工制成，其截面的形状有矩形、管形、槽形等。由于铝质母线价格适宜，目前母线装置多采用铝质，但其载流量与热稳定的性能远小于铜质母线。为防止母线腐蚀和便于识别相序，母线安装后应按表 2-7 的规定涂色或做色别标记。

表 2-7　　　　　　母线涂色表

| 母线类别 | $L_1$ | $L_2$ | $L_3$ | 正极 | 负极 | 中性线 | 接地线 |
|---|---|---|---|---|---|---|---|
| 涂漆颜色 | 黄 | 绿 | 红 | 赭 | 蓝 | 紫 | 紫底黑条 |

2. 硬母线的载流量

硬母线的截面应满足在正常情况下的载流量和机械强度的要求，同时应满足在系统短路故障情况下的动稳定和热稳定要求。矩形铝质和铜质硬母线的载流量见表 2-8。

表 2-8　　　　　矩形母线长期允许载流量（A）

| 导体尺寸 $b \times h$（mm²） | LMY 硬母线（$t=70$ ℃） | | TMY 硬母线（$t=0$ ℃） | |
|---|---|---|---|---|
| | 单条 | 三条 | 单条 | 三条 |
| 25×3 | 265 | | 340 | |
| 40×5 | 540 | | 700 | |
| 50×4 | 740 | | 950 | |
| 60×6 | 870 | 1 720 | 1 125 | 2 240 |
| 80×6 | 1 150 | 2 100 | 1 480 | 2 720 |
| 100×6 | 1 425 | 2 500 | 1 810 | 3 170 |
| 60×8 | 1 025 | 2 180 | 1 320 | 2 790 |
| 80×8 | 1 320 | 2 620 | 1 690 | 3 370 |
| 100×8 | 1 625 | 3 050 | 2 080 | 3 930 |
| 120×8 | 1 900 | 3 380 | 2 400 | 4 340 |
| 60×10 | 1 155 | 2 650 | 1 475 | 3 300 |
| 80×10 | 1 480 | 3 100 | 1 900 | 3 990 |
| 100×10 | 1 820 | 3 650 | 2 310 | 4 650 |
| 120×10 | 2 070 | 4 100 | 2 650 | 5 200 |

注：①$t=70$ ℃的含义是表示母线的长期允许工作温度。

②表中的载流量数据系按最高允许温度+70 ℃，基准环境温度为+25 ℃，无风、无日照计算的。

③导体平放时：当导体宽度<60 mm 时，载流量应按表列数值减少 5%；当导体宽度≥60 mm 时，载流量应按表列数值减少 8%。

（六）熔体

熔体是一种保护性导电材料，一般串入电路中使用。

1. 熔体的保护原理

由于电流的热效应，在正常情况下熔体虽然发热，但由于温度不高所以不会熔断；当发生过载（或短路）导致电流增加时，就会使熔体的温度逐渐（或急剧）上升，当达到熔体的熔点温度时会熔断。此时电路就被切断，从而起到保护电气设备的作用。

2. 熔体的类别

熔体的材料有两类：一类是低熔点材料，如铅、锡、锌及其合金（有铅锡合金、铅锑合金等）一般在小电流情况下使用；另一类是高熔点材料，如铜银等，一般在大电流情况下使用。

熔体一般都做成丝状（称保险丝）和片状（称保险片），它们是各种熔断器的核心组成部分。

3. 熔体的选用

选用熔体的主要参数是熔体的额定电流，其选择要求如下：

（1）对于输配电线路，熔体的额定电流应小于或等于线路的计算电流值。

（2）对于变压器、电炉、照明负荷等，熔体额定电流值应稍大于实际负载电流值。

（3）对于电动机，应考虑启动电流的因素，熔体额定电流值应为电动机额定电流的 1.5～2.5 倍。

## 二、绝缘材料

绝缘材料又称电介质。通俗地讲，绝缘材料就是能够阻止电流在其中通过的材料，即不导电材料。

（一）绝缘材料的性质

1. 绝缘材料的类别

绝缘材料分气体、液体和固体 3 类。

（1）气体绝缘材料：具有高的电离场强和击穿场强，击穿后能迅速恢复绝缘性能，化学稳定性好、不燃、不爆、不老化，无腐蚀性，不易为放电所分解，而且比热容大，导热性、流动性均好。空气是用得最广泛的气体绝缘材料。例如，交、直流输电线路的架空导线间、架空导线对地间均由空气绝缘。

（2）液体绝缘材料：又称绝缘油，填充固体材料内部或极间空隙，以提高其介电性能，并改进设备的散热能力。现已使用的绝缘油有芳烃合成油、硅油、酯类油、醚类等合成油、聚丁烯等。植物油使用的有蓖麻油、大豆油、菜籽油等。其中蓖麻油是优良的脉冲电容器的浸渍剂。

（3）固体绝缘材料：分为无机和有机两大类。无机绝缘材料主要有云母、粉云母及云母制品，玻璃、玻璃纤维及其制品，电瓷、氧化铝膜等。其特点是：耐高温、不易老化，具有较好的机械强度，但加工性能差，不易适应电工设备对绝缘材料的成型要求，其特点是多用于输配电场合。有机固体绝缘材料包括绝缘漆、绝缘胶、绝缘纸、绝缘纤维制品、塑料、橡胶、漆布以及浸渍纤维制品、电工用薄膜、复合制品、层压制品等，适应电工、电子新技术的发展。

2. 绝缘材料的性能

绝缘材料一般按其在正常运行条件下允许的最高工作温度，分为7个耐热等级（参见表2-9）。常用绝缘材料的主要性能见表2-10。

表 2-9　　　　　　　绝缘材料的主要性能

| 耐热等级 | 最高允许工作温度（℃） | 相当于该耐热等级的绝缘材料简述 |
|---|---|---|
| Y | 90 | 用未浸渍过的棉纱、丝及纸等材料或其组合物所组成的绝缘结构 |
| A | 105 | 用浸渍过的或浸在液体电介质（如变压器油中的棉纱、丝及纸等材料或其组合物）所组成的绝缘结构 |
| E | 120 | 用合成有机薄膜、合成有机磁漆等材料其组合物所组成的绝缘结构 |
| B | 130 | 用合适的树脂黏合或浸渍、涂覆后的云母、玻璃纤维、石棉等，以及其他无机材料、合适的有机材料或其组合物所组成的绝缘结构 |
| F | 155 | 用合适的树脂黏合或浸渍、涂覆后的云母、玻璃纤维、石棉等，以及其他无机材料、合适的有机材料或其组合物所组成的绝缘结构 |
| H | 180 | 用合适的树脂（如有机硅树脂）黏合或浸渍、涂覆后的云母、玻璃纤维、石棉等材料或其组合物所组成的绝缘结构 |
| C | 180以上 | 用合适的树脂黏合或浸渍、涂覆后的云母、玻璃纤维以及未经浸渍处理的云母、陶瓷、石英等材料或其组合物所组成的绝缘结构 |

表 2-10　常用绝缘材料的主要性能

| 材料名称 | 绝缘强度 (kV/mm) | 抗张强度 (kg/cm²) | 密度 (kg/cm²) | 膨胀系数 (6~10/℃) |
|---|---|---|---|---|
| 瓷 | 8~25 | 180~240 | 2.3~2.5 | 3.4~6.5 |
| 玻璃 | 5~10 | 140 | 3.2~3.6 | 7 |
| 云母 | 15~78 | — | 2.7~3.0 | 3 |
| 石棉 | 5~53 | 520（经） | 2.5~3.2 | |
| 棉纱 | 3~5 | — | | |
| 纸板 | 8~13 | 350~700（经）270~550（纬） | 0.4~1.4 | |
| 电木 | 10~30 | 350~70 | 1.26~1.27 | 20~100 |
| 纸 | 5~7 | 520（经），245（纬） | 0.7~1.1 | |
| 软橡胶 | 10~24 | 70~140 | 0.95 | |
| 硬橡胶 | 20~38 | 250~680 | 1.15~1.5 | |
| 绝缘胶 | 10~54 | 135~290 | — | |
| 纤维板 | 5~10 | 560~1050 | 1.1~1.48 | 25~52 |
| 干木板 | 0.8 | 485~750 | 0.36~0.80 | |
| 矿物油 | 25~27 | — | 0.83~0.95 | 700~800 |

（二）塑料

塑料是天然树脂（或合成树脂）、填充剂、增塑剂、着色剂和少量添加剂配制而成的绝缘材料，其特点是密度小、机械强度高、介电性能好；耐热、耐腐蚀，易加工等。塑料一般可分为热固性塑料和热塑性塑料两类。

1. 热固性塑料

热固性塑料又可分为两类：一类是在热压模中经热压硬固而成的不熔物；另一类是在冷压模中成型，再放到炉中烘焙硬化而成的不熔不溶物。热固性塑料只能塑制一次。常用的有 4012 酚醛木粉塑料、4330 酚醛玻璃纤维塑料、脉醛石棉塑料和有机硅石棉塑料，主要用来制作低压电器、接线盒、仪表等的零部件。

2. 热塑性塑料

热塑性塑料是以高分子化合物为基础的柔韧性材料，当受热时软化并熔融，冷却后固结成型，可反复加热、重复塑制。常用的有聚乙烯和聚氯乙烯塑料等。

（1）聚乙烯塑料：聚乙烯塑料主要用作高频电缆、水下电缆等的绝缘材料。吹塑后可制薄膜，挤压后可制成绝缘板、绝缘管等成型制品。

（2）聚氯乙烯塑料：聚氯乙烯塑料的硬质制品可制成板、管材，穿电线的塑料管多采用聚氯乙烯塑料；软质制品主要用作固定敷设（如地下、水下、建筑物内、配电系统等）的低压电力电缆各种电线和安装线的绝缘层和保护层等。

（三）橡胶

橡胶分天然橡胶和人工合成橡胶。

1．天然橡胶

天然橡胶是用橡胶树干中分泌出的乳汁经加工而制成的，其可塑性、工艺加工性好、机械强度高，但耐热、耐油性差。硫化后可制作各类导线、电缆的绝缘层及电器的零件。

2．合成橡胶

合成橡胶是碳氢化合物的合成物，常用的有氯丁酯和有机硅橡胶等。制作橡皮、电缆的防护层及导线的绝缘层。

（四）橡皮

橡皮是由橡胶经硫化处理而制成的，分为硬质橡皮和软质橡皮。

1．硬质橡皮

硬质橡皮主要用来制作绝缘零部件及密封胶圈和衬垫等。

2．软质橡皮

软质橡皮主要用于制作电缆和导线绝缘层、橡皮包布和安全防护用具等。

（五）电瓷

电瓷是用各种硅酸盐或氧化物的混合物制成的，其性质稳定、机械强度高、绝缘性能好、耐热性能好。主要用作制作各种绝缘子、绝缘套管、灯座、开关、熔断器等的零部件。

（六）电工漆和电工胶

1．电工漆

电工漆主要分为浸渍漆和覆盖漆。浸渍漆主要用来浸渍电气设备的线圈和绝缘零部件，填充间隙和气孔，以提高绝缘性能和机械强度。覆盖漆主要用来涂刷经浸渍处理过的线圈和绝缘零部件，形成绝缘保护层，以防止机械损伤和气体、油类、化学药品等的侵蚀。

2．电工胶

常用的电工胶主要有电缆胶和环氧树脂胶。电缆胶由石油沥青、变压器油、松香脂等原料按一定的比例配制而成，可用来灌注电缆接头和漆管、电气开关及绝缘零部件。环氧树脂胶一般需现场配制。

（七）绝缘布（带）和层压制品

1．绝缘布（带）

绝缘布（带）的主要用途是在电器制作和安装过程中作槽、匝、相间及连接和引出线的绝缘包扎。

2．层压制品

层压制品是由天然或合成纤维、纸或布浸（涂）胶后，经热压卷制而成的，常制成板、管、棒等形状，以供制作绝缘零部件和用作带电体之间或带电体与非带电体间的绝缘层。其特点是介电性能好，机械强度高。

（八）绝缘油

绝缘油主要用来填充变压器、油开关内的空气空间和浸渍电缆等，常用的有变压器油、油开关油和电容器油。

1．变压器油

变压器油起绝缘和散热作用，常用的有10号、25号和4号等型号。

2．油开关油

油开关油起绝缘、散热、排热和灭弧作用，常用的有4号。

3．电容器油

电容器油也是起绝缘和散热作用的，常用的有1号、2号等，1号用于电力电容器；2号用于电讯电容器。

## 第二节 常用电工工具

### 一、验电器

验电器是用来测定物体是否带电的一种电工常用工具。按照可测量的电压的高低分为低压验电器和高压验电器。

（一）低压验电器

低压验电器又称验电笔、试电笔、测电笔，简称电笔，它是用来检查低压导体和电气设备的金属外壳是否带电的一种常用工具。验电笔具有体积小、重量轻、携带方便、检验简单等优点，是电工必备的工具之一。

验电笔常做成钢笔式结构，有的也做成小型螺丝刀结构，前端是金属探头，后部塑料外壳内装配有氖泡、电阻和弹簧，上方有金属端盖或钢笔形挂鼻，使用时作为手触及的金属部分。验电笔的结构与外形如图2-5所示，低压验电笔的正确与错误的验电方法如图2-6所示。

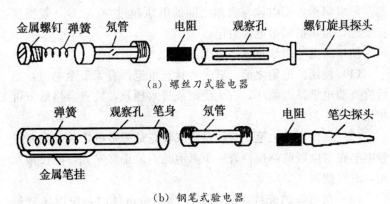

图2-5 验电笔的外形与结构

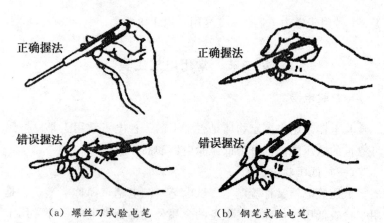

(a) 螺丝刀式验电笔　　　　(b) 钢笔式验电笔

图 2-6　验电笔的使用方法

普通低压验电笔的电压测量范围在 60~500 V,低于 60 V 时电笔的氖泡可能不会发光显示,高于 500 V 的电压严禁用普通验电笔来测量,以免造成触电事故。电工初学者一定要注意：切勿用普通低压验电笔测试超过 500 V 的电压。

当用验电笔测试带电体时,带电体上的电压经笔尖（金属体）、电阻、氖泡、弹簧、笔尾端的金属体,再经过人体接入大地,形成回路。带电体与大地之间的电压超过 60 V 后,氖泡便会发光,指示被测带电体有电。

使用验电笔时注意以下安全事项：

（1）使用验电笔之前,首先要检查电笔内有无安全电阻,然后检查验电笔是否损坏,有无受潮或进水现象,检查合格后方可使用。

（2）在使用验电笔正式测量电气设备是否带电之前,先要将验电笔在有电源的部位检查一下氖泡是否能正常发光,能正常发光,方可使用。

（3）在明亮的光线下或阳光下测试带电体时,应当注意避光,以防光线太强不易观察到氖泡是否发亮,造成误判。

（4）大多数验电笔前面的金属探头都制成小螺丝刀形状,在用它拧螺钉时,用力要轻,扭矩不可过大,以防损坏。

(5) 在使用完毕后要保持验电笔清洁,并放置干燥处,严防摔碰。

(二) 高压验电器

高压验电器又称高压测电器,检测电压范围为 1 000 kV 以上,高压验电器由金属钩、氖管、氖管窗、紧固螺钉、保护环和握柄等组成。高压验电器的结构与测试方法如图 2-7 所示。

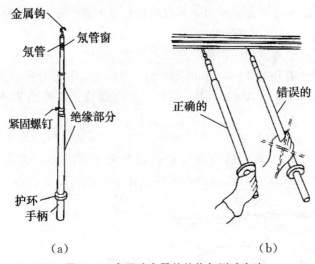

图 2-7 高压验电器的结构与测试方法

使用高压验电器时应注意以下事项:

(1) 手握部位不能超过保护环。

(2) 在使用前应检查高压验电器是否绝缘,绝缘合格方可使用。

(3) 使用时应逐渐靠近被测体,直至氖管发光;若逐渐靠近被测体,但氖管一直不亮,则说明被测体不带电。

(4) 室外使用高压验电器,必须在气候良好的情况下进行。

(5) 用高压验电器测试时必须戴耐压强度符合要求并在有效期内检验合格的绝缘手套；测试时人应站在高压绝缘垫上。

(6) 测试时，一人测试一人监护；防止发生相间或对地短路事故；人与带电体应保持足够的安全距离（10 kV 高压为 0.7 m 以上）。

**二、螺丝刀**

螺丝刀又称改锥、起子，按照其头部形状不同，可分为一字形螺丝刀和十字形螺丝刀，其握柄材料分木柄和塑料柄两种。

(一) 十字形螺丝刀

十字形螺丝刀又称梅花改锥，一般分为 4 种型号，其中：Ⅰ 号适用于直径为 2～2.5 mm 的螺钉；Ⅱ、Ⅲ、Ⅳ号分别适用于 3～25 mm、6～8 mm、10～12 mm 的螺钉。其外形如图 2-8 所示。

(二) 一字形螺丝刀

一字形螺丝刀的规格用柄部以外的长度表示，常用的有 100、150、200、300、400 mm 等。其外形如图 2-9 所示。

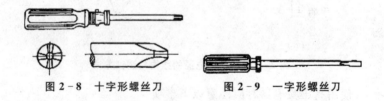

图 2-8 十字形螺丝刀　　图 2-9 一字形螺丝刀

(三) 多用螺丝刀

近年来，还出现了多用组合式螺丝刀，它是由不同规格的螺丝刀、锥、钻、凿、锯、锉和锤组成，柄部和刀体可以拆卸，柄部内还装有氖管、电阻、弹簧，可作测电笔使用。螺丝刀的使用方法如图 2-10 所示。

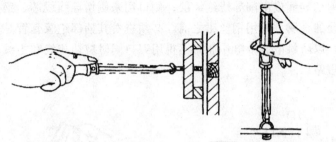

(a) 大螺丝刀拧大螺钉的方法　　(b) 小螺丝刀拧小螺钉的方法

图 2-10　螺丝刀的使用方法

螺丝刀在使用中要注意以下几个问题：

（1）**螺丝刀手柄要保持干燥清洁**，以防带电操作时发生漏电。

（2）在使用小头较尖的螺丝刀紧松螺钉时，要特别注意用力均匀，避免因手滑而触及其他带电体或者刺伤另一只手。

（3）切勿将螺丝刀当作錾子使用，以免损坏螺丝刀。

（4）使用螺丝刀紧固或拆卸带电的螺钉时，手不得触及它的金属部分，以免发生触电事故。

（5）为了避免螺丝刀的金属杆触及皮肤或触及邻近带电体，应在金属杆上穿套绝缘管。

**三、电工钳和电工刀**

（一）电工钳

常用电工钳有钢丝钳、尖嘴钳、断线钳和剥线钳。

1. **钢丝钳**

钢丝钳是一种夹持或折断金属薄片、切断金属丝的工具。电工用钢丝钳的柄部套有绝缘套管（耐压 500 V），其规格用钢丝钳全长的毫米数表示，常用的有 150、175、200 mm 等。它的外形及应用如图 2-11 所示。钢丝钳的不同部位有不同的用途：钳口用来弯绞或钳夹导线线头;齿口用来紧固或松动螺母;刀口用来剪切导线或剖削导线绝缘层;侧口用来侧切导线线芯、钢丝等较硬的金属。使用钢丝钳之前,必须查看其柄部绝缘套管是否完好,以防触电。带电作业时不得用刀口同时剪切相线和零线,以防短路。

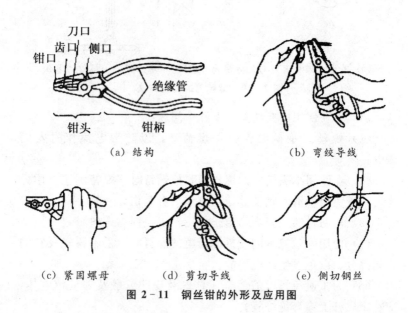

图 2-11 钢丝钳的外形及应用图

2. 尖嘴钳

尖嘴钳的头部"尖细",它的外形及应用如图 2-12 所示,用法与钢丝钳相似,其特点是适用于在狭小的工作空间操作,能夹持较小的螺钉、垫圈、导线及电器元件。在安装控制线路时,尖嘴钳能将单股导线弯成接线端子(线鼻子),有刀口的尖嘴钳还可剪断导线、剥削绝缘层。尖嘴钳的规格以其全长的毫米数表示,有 130、160、180 mm 等几种。它的柄部套有绝缘管,耐压 500 V。

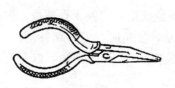  

平握法　　　立握法

（a）尖嘴钳的外形　　　　（b）尖嘴钳的握法

图 2-12　尖嘴钳的外形及应用图

3. **断线钳**

断线钳的头部"扁斜"，因此又叫斜口钳、扁嘴钳或剪线钳，它的外形如图 2-13 所示，专供剪断较粗的金属丝、线材及导线、电缆等用的。它的柄部有铁柄、管柄、绝缘柄之分，绝缘柄耐压为 1000 V。

4. **剥线钳**

剥线钳是用来剥落小直径导线绝缘层的专用工具，它的外形如图 2-14 所示，它的钳口部分设有几个咬口，用以剥落不同线径的导线绝缘层，其柄部是绝缘的，耐压为 500 V。

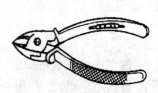 

图 2-13　断线钳的外形图　　图 2-14　剥线钳的外形图

电工钳在使用中要注意以下几个问题：
(1) 切勿损坏绝缘手柄，注意防潮。
(2) 钳轴要经常加油，防止生锈。
(3) 保持清洁，带电操作时，手离金属部分的距离应大于

2 cm。

（二）电工刀

电工刀是用来剖切导线、电缆的绝缘层，切割木台缺口，削制木枕的专用工具。如图 2-15 所示，使用时，刀口朝外剖削，剖削导线绝缘层时，应使刀面与导线成 45°及以下的角，以免割伤导线。

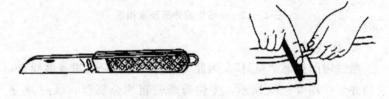

图 2-15　电工刀的外形图及使用方法

电工刀在使用中要注意以下几个问题：
(1) 电工刀在使用时应注意避免伤手。
(2) 电工刀用毕，随即将刀身折进刀柄。
(3) 电工刀刀柄是无绝缘保护的，不能在带电导线或器材上剖削，以免触电。

**四、活络扳手**

活络扳手用于旋动螺杆、螺母，它的卡口可在规格所定范围内任意调整大小，目前活络扳手规格较多，电工常用的有 150 mm×19 mm、200 mm×24 mm、250 mm×30 mm、300 mm×36 mm 等数种。扳动较大螺母时，所用力矩大，手应握在手柄尾部；扳动较小螺母时，为防止卡口处打滑，手可握在接近头部的位置，且用拇指调节和稳定螺杆。活络扳手的外形及使用方法如图 2-16 所示。

图 2-16 活络扳手的外形及使用方法

活络扳手在使用中要注意以下几个问题:
(1) 不能反方向用力,否则容易扳裂活络扳唇。
(2) 尽量不要用钢管套在手柄上做加力杆使用,更不能用做撬重物或当手锤敲打。
(3) 旋动螺杆、螺母时,必须把工件的两侧面夹牢,以免损坏螺杆或螺母的棱角。

### 五、电烙铁

电烙铁是用来焊接导体的工具,其结构如图 2-17 所示。

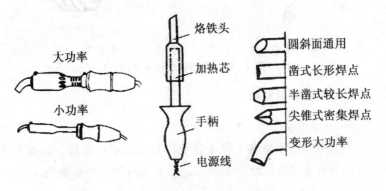

图 2-17 电烙铁的结构图

电烙铁的使用方法和要求如下:
(1) 焊接前,一般要把焊头的氧化层除去,并用焊剂进行上锡处理,使得焊头的前端经常保持一层薄锡,以防止氧化、减少能耗、使之导热良好。

(2) 电烙铁的握法没有统一的要求,以不易疲劳、操作方便为原则,一般有笔握法和拳握法两种,如图 2-18 所示。

(3) 用电烙铁焊接导线时,必须使用焊料和焊剂。焊料一般为丝状焊锡或纯锡,常见的焊剂有松香、焊膏等。

(4) 对焊接的基本要求是:焊点必须牢固,锡液必须充分渗透,焊点表面光滑有泽,应防止出现"虚焊"、"夹生焊"。产生"虚焊"的原因是因为焊件表面未清除干净或焊剂太少,使得焊锡不能充分流动,造成焊件表面挂锡太少,焊件之间未能充分固定;造成"夹生焊"的原因是因为烙铁温度低或焊接时烙铁停留时间太短,焊锡未能充分熔化。

图 2-18 电烙铁的使用方法

## 六、电钻和射钉枪

### (一) 手电钻

手电钻的作用是在工件上钻孔,其主要由电动机、钻夹头、钻头、手柄等组成,分为手提式、手枪式两种,外形如图 2-19 所示。

### (二) 冲击电钻

冲击电钻(简称冲击钻)的作用是在砌块和砖墙上冲打孔眼,其外形与手电钻相似,如图 2-20 所示。钻上有"锤、钻"调节开关,可分别当普通电钻和电锤使用。

图 2-19　手电钻的外形图　　图 2-20　冲击电钻的外形图

（三）射钉枪

射钉枪又称射钉工具枪或射钉器，外形如图 2-21 所示，是一种比较先进的安装工具。它是利用火药爆炸产生的高压推力，将尾部带有螺纹或其他形状的射钉射入钢板、混凝土和砖墙内，使之起固定和悬挂作用的。

图 2-21　射钉枪的外形图

## 第三节　常用电工仪表

### 一、常用电工仪表概述

（一）常用电工仪表的分类和工作原理

1. 常用电工仪表的分类

（1）按照仪表的工作原理分：可分为磁电式仪表、电磁式仪表、电动式仪表、整流式仪表、感应式仪表、数字式仪表等。仪表的类型不同，其性能、特点、适用场合和价格都不同。因此，按照工作原理来确定仪表的类型，是选择仪表的主要依据。

（2）按照仪表的测量内容（即测量对象）分：可分为电压

表、电流表、电能表、功率表、功率因数表等。

(3) 按照被测电流的性质分：可分为**直流电表**（简称直流表）和**交流电表**（简称交流表）。除了直流表和交流表以外，还有一种交流直流两用表。

(4) 按照仪表的安装方式分：可分为安装式仪表和便携式仪表。

(5) 按照仪表的使用方式分：可分为垂直安装仪表和水平使用仪表。

(6) 按照仪表的准确程度分：可以划分成 7 个等级。

2. 电工仪表的基本结构

各种类型的仪表可能有各种各样的差异，从常用电工仪表的结构来看。可分成以下几个部分。

(1) **测量机构**：这是仪表的核心部分，任何一种测量仪表都不能缺少这一部分。

(2) **指示机构**：它是仪表的显示部分。最常见的指示机构是采用类似钟表的形式，通过指针和刻度盘来显示被测量的数值。另有一类电工仪表，用数码管作为指示机构，直接把被测量的数值变换成十进制数字信息，这一类电工仪表称为数字式仪表。

(3) **反作用机构**：反作用机构配合指示机构工作，最常见的反作用机构由弹簧构成。

(4) **阻尼机构**：它的作用是在测量时，让仪表的指针尽快地停止在稳定位置。没有这一机构，仪表在工作时，指针就会摆动不止，影响测量工作。

上面介绍的这几个机构是常用电工仪表的基本组成部分。另有一些电工仪表，例如电能表，由于它的结构比较特殊，在下面介绍这些仪表时，再作说明。

3. 仪表的工作原理

仪表的工作原理，决定了仪表的性能、适用场合、价格等一系列基本特征，是选择仪表的基本依据。工作原理不同的仪表，它们的测量原理和测量机构的结构也不相同。

（1）磁电系仪表：通电导体在磁场中会因受力而运动，而且电流越大，受力也越大。利用这样一种电磁现象制造的仪表称为磁电系仪表。

磁电系仪表的突出特点是灵敏度和准确度都很高，然而它只能测量直流量，而不能测量交流量。磁电系仪表主要用来制作直流电流表和电压表。

（2）电磁系仪表：电磁系仪表中，磁场不是由永久磁铁建立，而是由通电线圈建立。线圈中的电流越大，产生的磁场也越强，对铁的吸引力也越大。

与磁电系仪表相比，电磁系仪表的准确度和灵敏度都比较差，但是，它能够测量交流量，而且价格便宜。因此，在对于准确度要求不是很高的情况下，电磁系仪表有着广泛的应用。

（3）电动系仪表：电动系仪表可以看成是由磁电系仪表演变而来的。

电动系仪表的应用不如前面介绍的两种仪表广泛，例如，测量电功率的功率表，就属于电动系仪表。

（4）整流系仪表：磁电系仪表加装整流装置，使得交流电通过整流变成直流电，磁电系仪表也就变成了能够测量交流量的仪表了。这种加上了整流装置的磁电系仪表称为整流系仪表。

（5）感应系仪表：常见的电能表即为感应系仪表。感应系仪表的工作原理比较复杂，本书不作介绍。

（二）仪表的准确度

仪表的准确度是用来说明仪表的准确程度。准确度越高的仪表，测量的误差就越小。通常，仪表的准确度分成7个等级，分别是0.1级、0.2级、0.5级、1级、1.5级、2.5级、5级。数值越大的仪表，其测量误差也越大，准确度就越低。一般选用1～2.5级仪表。

（三）仪表的常用符号

电工仪表行业规定了许多仪表的文字符号和图形符号,每一个符号都反映了该仪表的某一项性能或者特点。表 2-11 和表 2-12 列出了部分电工仪表的常用符号。

表 2-11　　　　　电工仪表常用测量单位符号

| 名称 | 符号 | 名称 | 符号 | 名称 | 符号 | 名称 | 符号 |
|---|---|---|---|---|---|---|---|
| 千安 | kA | 兆欧 | MΩ | 兆瓦 | MW | 毫特 | mT |
| 安培 | A | 千欧 | kΩ | 千瓦 | kW | 法拉第 | F |
| 毫安 | mA | 欧姆 | Ω | 瓦特 | W | 微法 | μF |
| 微安 | μA | 毫欧 | mΩ | 兆赫 | MHz | 皮法 | pF |
| 千伏 | kV | 微欧 | μΩ | 千赫 | kHz | 亨利 | H |
| 伏特 | V | 相位角 | φ | 赫兹 | Hz | 毫亨 | mH |
| 毫伏 | mV | 功率因数 | cosφ | 韦伯 | Wb | 微亨 | μH |
| 微伏 | μV | 库仑 | C | 毫韦伯 | mWb | | |

表 2-12　　　　　电工仪表常用图形符号

| 符号 | 名称 | 符号 | 名称 |
|---|---|---|---|
| ∩ | 磁电系仪表 | [⊤] | Ⅰ级防外电场(例如静电系) |
| ⊠ | 磁电系比率表 | ∩ | Ⅰ级防外磁场(例如磁电系) |
| ⩘ | 电磁系仪表 | Ⅱ [Ⅱ] | Ⅱ级防外磁场及电场 |
| ⩘⩘ | 电磁系比率表 | Ⅲ [Ⅲ] | Ⅲ级防外磁场及电场 |
| ⊟ | 电动系仪表 | Ⅳ [Ⅳ] | Ⅳ级防外磁场及电场 |

**续表**

| 符号 | 名称 | 符号 | 名称 |
|---|---|---|---|
| 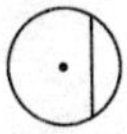 ⊙ | 感应系仪表 |  ☆0 | 不进行绝缘强度试验 |
| 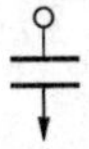 静电符号 | 静电系仪表 |  ☆2 | 绝缘强度试验电压为 2 kV |
|  整流符号 | 整流系仪表 |  Ⓒ | C 组仪表 |
| — | 直流表 | 1.5 | 以标度尺量限百分数误差表示的准确度等级，例如 1.5 级 |
| ~ | 单相交流表 |  ⩗1.5 | 以标度尺长度百分数误差表示的准确度等级，例如 1.5 级 |
| ≃ | 交直两用表 |  ⓛ.5 | 以指示值百分数误差表示的准确度等级，例如 1.5 级 |
| ≋ | 三相交流 | ⊥ | 表盘位置应为垂直放置（安装） |
|  Ⓐ | A 组仪表 | 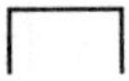 ⊓ | 表盘位置应为水平放置（安装） |
|  Ⓑ | B 组仪表 | 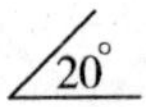 ∠20° | 表盘位置应与水平面倾斜成一角度，例如 20° |

## 二、电压表

（一）认识电压表

电压表是最常用的电工仪表之一，它是用来测量电路中某两点之间电压的仪表，其外形如图 2-22 所示，图形符号如图 2-23 所示。

图 2-22 常用电压表的外形

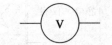
图 2-23 电压表的图形符号

（二）电压表的连接

根据被测电压的性质，电压表分为交流电压表和直流电压表两个基本类型。要测电阻 $R$ 两端的电压，应当用导线把电压表接在电阻两端，这样，电阻两端的电压就被引入了电压表（见图 2-24）。从接线方式上看，电压表和电阻是并联连接。又如，要测量电动机的电源电压，就应当采用如图 2-25 的接线方法，即把电压表并联到电动机的两根电源线上。

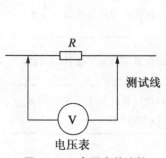
图 2-24 电压表的连接

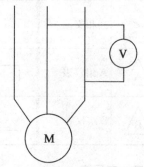
图 2-25 用电压表测量电动机的电源电压

（三）注意事项

（1）电压表有两个接线端子，测量导线接到这两个接线端子上，被测电压就被引入电压表中。

(2) 直流电压表有极性，如果极性搞错，指针会反方向偏转，根本无法测量。因此，直流电压表的接线端子必须标出极性。最普通的标注方法是：一个接线端子标"＋"；另一个接线端子标"－"。接线时，标"＋"的一端接被测电路的高电位端，"－"端接低电位端。测量直流电压，如果事先不知道电压的极性，可以采用点试法来确定。先将测试线接到被测电压的一端，将另一根测试线点一下被测电压的另一端，表针如果正偏，说明极性接对，反之，说明极性相反，改变接法，即可测量。

(3) 用电压表测量电压，还要注意仪表量程的选择。所谓量程，就是指仪表所能够测量的最大值。很明显，仪表的量程应当大于被测电压的数值。仪表量程选小了，仪表会过载，表针会冲过满刻度，轻则把表针打弯，重则可能损坏仪表；但量程也不应选得过大，否则表针的偏转角很小，测量的准确度会降低，甚至看不出读数。

(4) 要检查电压表指针是否指在零位，如果不指在零位，则需用人工的方法将它调到零位，这项工作称为机械调零。在表针的根部，有一个调节螺钉，用旋具旋转该螺钉，表针会随之摆动，直至调到零位为止。

(5) 测量电压时，为了防止触电，人不能接触测试系统中导体的任何裸露部位，人体与带电体应保持 0.1 m 的安全距离，对于使用便携式仪表和采用点试法进行测量时，这一点尤其重要。

### 三、电流表

(一) 认识电流表

电流表也是最常用的电工仪表之一，它是用来测量电路中某支路电流的仪表，其外形如图 2-26 所示，在电路中的图形符号如图 2-27 所示。

(二) 表的连接

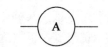

图 2-26 常用电流表的外形　　图 2-27 电流表的图形符号

电流表应串联在被测电路中，如图 2-28 所示。从电流表的接线方法可以知道，电流表也有两个接线端子（多量程电流表的接线端子可能多一些），被测导线被切断后，就接到这两个断口处。电流从一端流入，从另一端流出，电流表的指示机构就显示出被测电流的数值。

（三）注意事项

（1）电流表有交流和直流之分。直流电流表的接线端子旁边也标有"＋"和"－"，电流一定要从标有"＋"的一端流入，从标有"－"的一端流出。

（2）用电流表测量电流也要注意量程的选择，根据需要进行机械调零，在测量时，也要注意安全问题。具体的内容与前面介绍的电压表都是一样的。

（3）在用电流表测量电流时，有时候需要测量的电流常常大大超过这个数值，这就要通过扩大仪表的量程来解决。扩大交流电流表的量程，采用电流表配用电流互感器的方法。

电流表连接电流互感器时应注意以下几个方面的问题：

（1）电流互感器的基本结构是在一个闭合的铁心上绕有两个线圈，一次线圈的两个接线端子称为 $L_1$ 和 $L_2$，二次线圈的两个接线端子称为 $K_1$ 和 $K_2$。接线时，将被测导线断开，两端分别接到电流互感器的一次线圈两端（$L_1$ 和 $L_2$），二次线圈的两端的 $K_1$ 和 $K_2$ 则接到电流表上，在符合国家标准的电气图中，电流互感器及其接线应当画成图2-29的形式。

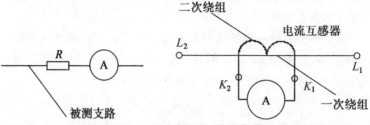

图2-28 电流表的连接　　图2-29 电流互感器的原理图画法

（2）电流互感器在工作时，一次线圈流过被测电流，称为电流互感器的一次电流，记为$I_1$。通过电磁感应，会在二次线圈中产生感应电动势，并经电流表构成回路，产生二次电流，记为$I_2$，流过电流表的正是这个电流。

（3）电流互感器的一次绕组的额定电流常用的标准数值有：50A、75A、100A、150A、200A、300A、400A、600A等。一般按照计算电流或平均电流的1.5倍来选择电流互感器。

只有一个绕组的电流互感器，称为母线式电流互感器。安装时，把被测导线穿过它的铁芯，就代替了一次绕组（见图2-30）。而上面介绍的有两个线圈的电流互感器则称为线圈式电流互感器。

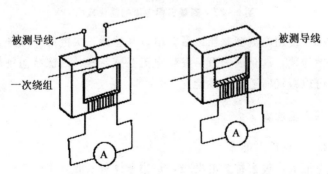

图2-30 穿心式电流互感器演化图

（4）电流互感器的两个绕组两端的标号在接线中有着重要的

意义,这是使用电流互感器必须特别注意并弄清楚的问题。在接线时,如果把绕组的标号弄错,可能会导致仪表指示错误,甚至电流互感器发热。

(5)如果测量一根导线中的电流,只需要一只电流互感器和一只电流表,见图2-31。但是,在三相电路中,经常需要测量三相电流,可以采用三只电流互感器(见图2-32)。

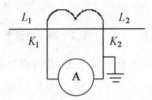

图2-31 单个电流互感器与电流表的接法

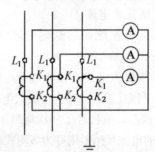

图2-32 测量三相电流的简化接线

(6)使用电流互感器以后,电流互感器二次侧的一端一定要可靠地接地,这是因为万一发生电流互感器一、二次绕组绝缘击穿,可以减轻所造成的危险。

**四、电能表**

(一)认识电能表

电能表,过去称为电度表,是用来计量电能(用电量)的电工仪表。它的测量机构是一个电压线圈和一个电流线圈,绕在一个特定形状的铁芯上,铁心的缝隙中有一个可转动的圆形铝盘,当用电负荷工作时,在电压线圈和电流线圈的共同作用下,铝盘就会转动。通过传动机构(这是电流表和电压表所没有的),带动电能表的计数器。目前流行的民用电能表大多数采用机械式计数器,少数采用电子式计数器,通过数码管显示用电量。铝盘的转速决定于用电器的功率大小,这样,计数器就能准确地记录在一段时间内消耗的电能。观察铝盘的转动。可以判断电能表是否正常工作,常用电能表的外形如图 2-33 所示,单相电能表的图形符号如图 2-34 所示。

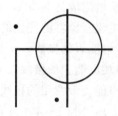

图 2-33　电能表的外形　　图 2-34　单相电能表的图形符号

(二) 电能表的选择

选择电能表,要注意这样几个参数:相数、额定电压和额定电流。

1. 相数

电能表有单相和三相之分,三相电能表又有三相三线电能表和三相四线电能表的区别。三相三线电能表用在三相三线系统中,三相四线电能表用在三相四线系统或者三相五线系统中。因此,在选择电能表时,必须弄清楚电力系统的相数和线数。

2. 额定电压

单相电能表的额定电压绝大多数都是 220 V,但也有少数单相电能表的额定电压是 380 V、110 V 或 36 V。三相电能表的额定电压有 100 V 和 380 V 的。三相三线电能表和三相四线电能表额定电压的标注方法是不一样的,三相三线电能表额定电压标的是 380 V,而三相四线电能表额定电压的标注是 380 V/220 V 或 100 V,这可以帮助我们区分这两种电能表。

3. 额定电流

电能表的额定电流通常标有两个数值,后面一个被括在括号内,电能表的额定电流是指括号前的数字。电能表的额定电流应当不小于被测电路的最大负荷电流。

测量大电流的电路,与电流表一样,也要通过电流互感器来扩大电能表的量程。当电能表通过电流互感器来扩大量程时,电能表的额定电流应选为 5A,这时的用电量,应为电能表所记录的数值与电流互感器的变比的乘积。

(三) 电能表的接线

1. 单相电能表的接线

单相电能表最常用的接线方式见图 2-35。电能表有 4 个主接线端子,标号为 1~4,另有一个较小的辅助接线端子,标号为 5。电源的相线 L 和零线 N 分别接 1、3 号端子,由 2、4 号端子的引出线分别是送到负荷的火线和零线。为使电压线圈与电源并联,辅助端子 5 号与 1 号主端子相连,这个连接一般在接线端子板上由一个小的接线片完成。这就实现了电压线圈与电源并联。而电流线圈与负荷串联。这种连接方式称为跳入式连接。

单相电能表还有另外一种接线方式,称为顺入式连接,见图 2-36。顺入式连接与跳入式连接的接线原则都是一样的,只不过由于单相电能表的测量机构出线位置排列不同,使得外部连线也要做相应的改变。这种接线方式目前应用比较少。跳入式和顺入式接线统称直入式接线。

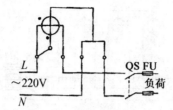

图 2-35 单相电能表的跳入式连接

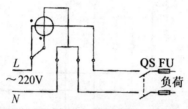

图 2-36 单相电能表的顺入式连接

如果被测电路的电流很大,则要经过电流互感器来与被测电路相连接,如图 2-37 所示。

2. 三相电能表的接线

三相电能表有三相三线制电能表和三相四线制电能表两个系列。图 2-38 为三相四线制电能表的接线图。三相三线制电能表与三相四线制电能表相比,少了一个测量元件,所以,接线比较简单。三相三线制电能表的接线图如图 2-39 所示。

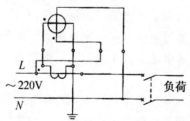

图 2-37 单相电能表配电流互感器接线

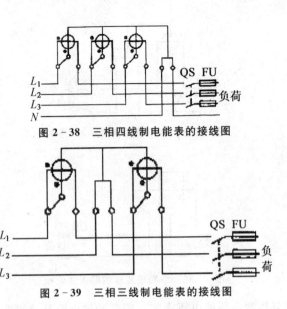

图 2-38 三相四线制电能表的接线图

图 2-39 三相三线制电能表的接线图

当测量大电流的三相负荷时,同样需要通过电流互感器与电能表相连,见图 2-40 和图 2-41。电能表连接电流互感器时应注意以下几个方面的问题:

(1) 电流互感器的四个接线端一定要按照接线图的标示连接,否则,电能表的指示会出现误差,甚至倒转。

(2) 通过电流互感器相连时,由于电能表的电流线圈不再与被测电路直接相连,所以,电压线圈的接线端子必须单独引线到相应的相线上,否则,电能表将无法工作。

(3) 电能表通过电流互感器来连接时,由于被测线路的导线比较粗,无法穿进电能表的接线端子,因而采用了一根小截面导线接零的接线方法。

(4) 从安全的角度考虑,当采用电流互感器时,要求电流互感器的二次侧一端要接地。所谓接地,一般的做法是将电流互感器二次侧的一端用导线与开关柜的金属构架相连。

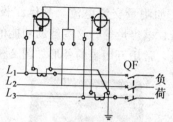

图 2-40 三相三线电能表配电流互感器接线图

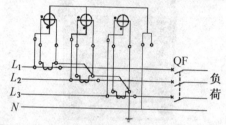

图 2-41 三相四线电能表配电流互感器接线图

### 五、万用表

万用表是一种多功能、多量程的仪表,是电工最常使用的仪表之一。万用表有指针式和数字式两个基本类型,二者的功能和使用方法大体相同,但测量原理、结构和线路却有很大差别,在性能上也各有特点。传统的万用表都是指针式的,数字式万用表是近二三十年发展起来的一种新型万用表。从目前的使用情况来看,还是以指针式居多。本书重点介绍指针式万用表。

(一)指针式万用表

1. 万用表的功能

万用表又称多用表测量、三用表,是一种多功能的仪表。万用表都具备以下的功能:测量直流电流、直流电压、交流电压和电阻。这些都是万用表必须具备的功能。在每一个测量项目中,常常又分几个量程挡位,每个挡位都对应不同的量程。这样,它就可以在较宽的范围内进行比较准确的测量。

除上述的基本功能以外,不同型号的万用表还可能具备其他种类的辅助功能，如测量交流电流、晶体三极管的直流放大倍数、电平、电感量、电容量等。这些辅助功能的多少，常决定于万用表的档次高低，常用万用表的外形如图 2-42 所示。

图 2-42　MF-47 型万用表外形图

2. 万用表的使用方法

(1) 万用表使用的基本规则：学会使用万用表，首先要学会使用万用表上面的几个功能件，包括选择开关（又叫转换开关）、欧姆调零旋钮、插座和表笔。

选择开关是让万用表适应被测量的内容和大小的元件。在测量之前，必须根据测量内容和被测量的大小来调整选择开关。一般的万用表都有一个选择开关，但也有少数的万用表有两个选择开关，使用时这两个选择开关要配合调整。

万用表上有两个或两个以上的插孔，用来插万用表的测试表笔，它是万用表对外的连接端子。有两个插孔的万用表，在插孔旁边分别标有"＋"和"－"的标记，使用时，红表笔插"＋"端，黑表笔插"－"端。对于有两个以上插孔的万用表，其中的一个标有"＊"形符号，在使用中，该端永远接黑表笔，而红表笔应根据被测对象，插在相应的一个插孔上。

表笔是指万用表的测试线端部的手握部分。手握的一端有一根中空的塑料杆，测试线从中间穿过。使用起来既方便、又安全。两根塑料杆的颜色分别是红色和黑色，这就是前面说的红表笔和黑表笔。

（2）电流和电压的测量：通过选择转换开关把万用表调整到测量电流的位置和相应的量程，这时的万用表就变成了一个电流表。用它来测量电流，其方法与电流表的使用是完全一样的。用同样的方法，万用表也可以作为电压表来使用。关于它们的使用方法，读者可以参考前面介绍的电流表和电压表的使用方法。

（3）电阻的测量：由于电阻是无源器件，万用表无法显示。因此在万用表内部装有电池，作为测量电阻时的电源。测量电阻时，同样先要把选择开关调到电阻挡位，下一步要做欧姆调零。方法是：先将两支表笔短接，这时，表针会向满刻度方向偏转，并稳定在满刻度（也就是电阻刻度线的零点）。假如表针不停在这一点，就要旋转万用表上用作欧姆调零用的旋钮，随着该旋钮的转动，表针也会随之摆动，直到稳定在欧姆零位，欧姆调零就完成了。假如表针无法调到零位，则说明表内电池的能量已经耗尽，需要更换电池。

一般的万用表测量电阻都有 5 个挡位：$R \times 1$、$R \times 10$、$R \times 100$、$R \times 1k$、$R \times 10k$，代表了电阻挡的 5 个量程。如果测量时用的是 $R \times 100$ 挡，测量的读数是 25，则实测的电阻数值为 $25 \times 100 = 2500 \Omega$，其余可拟类推。测量时，如果用同一挡（如 $R \times 100$ 挡）进行多次测量，则在第一次测量之前进行一次欧姆调零就可以了；而如果在测量中改换挡位，如从 $R \times 100$ 挡换到 $R \times 10$ 挡，则在换挡后必须重新电气调零。总之，测量电阻时，每换一次挡位，就要进行一次电气调零。

在完成欧姆调零以后，即可对电阻进行测量了。如果是单个的电阻，只需用两支表笔端部的金属部分分别接触电阻的两端，万用表即可显示出电阻值。如果是线路中的电阻，则必须先停电，再把电阻拆下测量。

3. 万用表使用的注意事项

由于万用表功能多，量程挡位也多，各种量的测量方法又不相同，因此在使用中需要注意的事情也比较多。归纳起来，有下列几条。

(1) 在使用之前，首先对万用表进行外观检查，看表面各部位及表笔是否完好无损，表针摆动是否灵活，转换开关转动是否正常等等。

(2) 要根据被测量的内容和大小，正确地调整选择开关和所用的插孔，这是保证不出事故和准确测量的先决条件。在任何情况下，黑表笔都应当插在标有"—"或者"*"的插孔。

(3) 万用表在使用前，应根据情况决定是否需要进行机械调零。

(4) 测量电压和电流时，应当事先了解被测量的大致数值，并据此选择稍大一些的量程。如果无法估计被测量的大小，则应选择相应量的最大量程。在实际测量中，根据情况逐挡减小量程，直至合适为止。而在测量电阻时，不知道被测电阻值的大小，也不必先用最大挡试测，可以直接用中间挡测量。

(5) 调整选择开关，应在停止测量的情况下进行，不得在测量中去调整选择开关。

(6) 读数时，要正确选择刻度线。万用表表头的刻度线比较多，测量什么内容，应当选择哪一条刻度线，是必须搞清楚的，不同型号的万用表，刻度线的数目和排列都不一样，要注意分清楚，否则，读数将完全错误。

(7) 测量时，表应当放平稳，不应当有一个支点悬空。一般的万用表都是水平放置，如果垂直使用，会影响测量的准确度。

(8) 不允许用万用表的电阻挡去测量微安表（包括各种高灵敏电流表）的内电阻，也不允许用万用表的电压挡去测量标准电池（注意，不是普通电池）的电压。如果违背这一条规定，就会损坏被测元件。

(9) 万用表在测量直流电压或电流时,电流总是从红表笔流入,从黑表笔流出。因此,在选用电阻挡时,万用表本身成了一个电源,红表笔就成了电源的负极,而黑表笔则变成电源的正极。这一点,对于测量普通的线性电阻并无影响,但对于一些有极性的非线性电阻,如晶体二极管、三极管一类的元器件,就成了必须注意的事情了。

(10) 在测量时,人体不可接触万用表的带电部位,以免发生触电事故。不仅在测量电压和电流时是如此,即便在测量看起来不会有危险的电阻时,也应该养成这样一个良好的习惯。

最后,万用表在用完后,应当把转换开关放在交流电压最大挡或空挡。

(二) 数字式万用表

数字式万用表是近 30 年发展起来的一种新型万用表。从外观上看,它与传统的指针式万用表的明显区别是,它的显示部分采用了能够用数字来直接显示被测量的液晶元件。由于数字显示可以很容易做到显示三位或四位有效数字,因此它的灵敏度和准确度都比指针式万用表要高,它的附加功能也比指针式万用表要多些。其缺点是成本较高。

数字式万用表的转换开关、插孔和欧姆调零旋钮与指针式万用表基本上是一样的,在使用方法上也大致相同。常用数字式万用表外形图如图 2-43 所示。

## 六、兆欧表

兆欧表就是用来测量电气线路和各种用电器的绝缘电阻值的仪表。由于兆欧表在使用中要用手去转动摇把,因此习惯上称为绝缘摇表。在对电气线路和用电器做预防性试验和进行检修时,都需要测量绝缘电阻,所以,兆欧表也是电工经常使用的仪表之一,常用兆欧表外形图如图 2-44 所示。

图 2-43 数字式万用表外形图　　图 2-44 常用兆欧表外形图

（一）兆欧表的选用

表明兆欧表的规格的基本参数有两个：电压等级和测量范围。

电压等级是兆欧表的最基本的规格。目前使用的兆欧表的电压等级有 3 个：500 V、1000 V 和 2500 V。选用兆欧表，首先就要选择它的电压等级，如果电压等级选错了，测量结果将不可与要求值进行比较。

测量范围指的是兆欧表所能够测量的从最小值到最大值的范围。从目前常用的兆欧表来看，其测量范围是指除了"0"和"∞"以外的有效刻度。有少量的兆欧表，它能够测量的绝缘电阻的最小值是 1 MΩ，这样的兆欧表，用来测量绝缘电阻的合格值小于 1 MΩ 的设备或线路，就不合适了。

（二）兆欧表使用前的检查

（1）外观检查：检查兆欧表各部分是否完好，表针是否灵活，手摇发电机是否旋转正常。

（2）开路试验：把兆欧表的两根测试线分开，按兆欧表的规定转速转动兆欧表。这时，相当于测量电阻为无穷大的电阻值，兆欧表的指针理所当然地应当指在无穷大的位置上。否则，说明兆欧表的准确度不够。

(3) 短路试验：把兆欧表的"L"和"E"端短接，按规定转速转动发电机，这时，兆欧表的指针应当指在零的位置。否则，同样说明兆欧表不准。

(三) 兆欧表的使用方法

被测对象不同，兆欧表的接线方法也不完全相同。下面通过介绍几个典型的例子，说明兆欧表的使用方法。

1. 测量电动机的绝缘电阻

对于最常见的三相笼式异步电动机，定子三相绕组之间是绝缘的，绕组和铁芯（也就是电动机的外壳）之间也是绝缘的，要测的就是这些绝缘的电阻值。测试项目视电机的内部接线而定，对于一些小容量电动机，它的三相绕组在电机内部已经接好，也就是说，三相绕组是不能分开的，它的接线盒里，电源线的接线端子只有3个，对这一类电机，要测的就是绕组和铁芯之间的绝缘电阻。而对于大多数三相异步电动机，三相绕组在电机内部并不连接，而是引到接线盒里，这时的接线盒里就有6个电源线的接线端子，对于这一类电动机，除了像刚才说的要测量绕组对铁芯的绝缘电阻以外，还可以测量各相绕组之间的绝缘电阻。下面，分别说明这两种绝缘电阻的测试方法。

(1) 测量绕组与铁芯之间［相-地（或壳）］的绝缘电阻：首先将被测电动机停电，从电机的接线盒处拆掉电源线。对于常用的380 V的低压电动机，可选用500 V的兆欧表。把检验合格的兆欧表的"E"端与电机的外壳相连（或者接到电机接线盒内的接地螺钉上），原有的连接片不拆开。

测试时，一个人用手转动兆欧表的摇把，保持每分钟120转的转速，然后，另一个人将"L"线接于6个端子的任一端，摇测到1分钟时。指针的指示即是被测电机的绝缘电阻值，记下此值，然后撤开"L"线，最后才能停止转动兆欧表，测试工作到此结束。根据相关规程的要求，对于新电机和停止运行3个月以上的电机，其绝缘电阻值不应当低于 1 MΩ；对于运行中的电机，绝缘电阻值不应低于 0.5 MΩ。

（2）测量绕组相间（相-相）的绝缘电阻：测量绕组相间的绝缘电阻与测量绕组对地的绝缘电阻二者的区别仅仅在于接线方法不同，表的选择、测试前的准备、测试方法以及绝缘电阻的合格值都是一样的。

测量绕组相间的绝缘电阻，在拆去电源线及端子盒内的原有连接片后以"L"线和"E"线各接一相绕组，按上述方法共测量 3 次。

2. 测量低压电力电缆的绝缘电阻

在给电缆停电并验电后，第一件事就是对电缆进行放电，这是在电缆上进行任何工作时都绝对不能忘记的。用一个普通的 220 V 灯泡的两根引线的裸露部分去接触已停电电缆的任意两相的金属部分，这时，会看到灯泡一闪，随即慢慢熄灭，这说明放电成功。再用同样的方法去接触另外两相。对于三芯电缆，应当如此重复 3 次，而对于四芯电缆，则应当重复 6 次，这是放电的第一步。第二步，去掉灯泡，直接用一根导线的两端金属部分重复上面的做法，接触的时间不要太短，也可以重复点接触几次，直至确实听不见放电声音、看不见放电火花为止。这是对电缆的相间放电，如果电缆是铠装的，则除了要对它进行相间放电以外，还要进行相对地（也就是相对外层铠装）放电。放电的方法是一样的，但放电的部位应当是相线与铠装之间对于三芯电缆，应当放电 3 次；对于四芯电缆，则放电 4 次；五芯电缆则放电 5 次。不经放电即在电缆上工作，是不可原谅的错误。

经过对电缆彻底放电后，即可测量它的绝缘电阻了。对于 500 V 以下的低压电力电缆，应选用额定电压为 1000 V 的兆欧表，然后进行外观检查，做开路和短路试验，确认仪表正常后，即可进行测试。首先拆掉电缆两端的接线。对于无铠装的电缆，测试内容只是相间绝缘，对于有铠装的电缆，除了要测相间绝缘以外，还要测量相对铠装的绝缘，不过这两种测量通常可以合在一起进行。测量的接线是这样的：先选择任意一相作为被测相。对于无铠装的电缆，将其余各相（包括中性线）短接后，接到兆欧表的"E"端，对于有铠装的电缆，则应再把铠装也短接。一人手持"L"线，另一人摇动兆欧表，达 120 r/min 时，将"L"线接被测线芯，到 1 分钟时，读数并记录，然后先撤"L"线再停摇。对于三芯电缆，由于有 3 个被测相，因此，一共要测量 3 次；对于四芯电缆，要测量 4 次；五芯电缆则测量 5 次。不论是否有铠装，测量次数都是一样的。测量方法仿照测量电动机的绝缘电阻进行，每次测量后，都要进行放电。

判定电缆的绝缘电阻是否合格的标准规定如下：对于 500 V 以下的低压电力电缆、长度在 500 m 以内，环境温度在 20 ℃时，测量的绝缘电阻值与上一次测量的结果相比，下降不应超过 30%，且最低不能低于 10 MΩ。

3. 测量低压电容器的绝缘电阻

测量电容器的绝缘电阻之前，就像测量电力电缆的绝缘电阻一样，也要先对电容器进行放电。电容器的放电有两种形式：第一种，一般的电容器都带有放电装置，当电容器退出运行后，放电装置即可对电容器自动进行放电，这种放电方式称为自动放电；第二种，用人工的方法对电容器进行放电，这称为人工放电。我们在这里所说的放电，是特指人工放电而言。人工放电是对电容器进行任何工作都必须首先做的一件事。尽管在停电时电容器已经进行了自动放电，为了确保人身安全，人工放电仍然是必不可少的工作。人工放电的内容包括相间放电和相对地（即外壳）放电，操作方法和给电缆放电是一样的。

在对电容器进行了彻底放电后，就可以对它进行测量了。对于 500 V 以下的低压电容器，可以选用 500 V 或者 1000 V 的兆欧表，并进行测前检查。测量电容器的绝缘电阻的主要项目是测量相对地的绝缘电阻值。拆掉电容器的引线，将端子处的绝缘擦拭干净，将两个（单相电容器）或三个（三相电容器）接线端子短接。兆欧表的"E"端接到电容器外壳的接地螺钉上，测量方法与电动机相同。由于对电容器只要求测量相对地的绝缘电阻值，因此只需进行一次测量。测量之后，要再一次对电容器进行人工放电。

根据运行规程的要求，对于新安装的电容器，绝缘电阻值不小于 2000 MΩ；对于运行中的电容器，绝缘电阻值不小于 1000 MΩ。

（四）兆欧表在使用中的注意事项

兆欧表在工作中能发出很高的电压，不注意时可能会受到电击。所以在工作时，要特别注意人身安全。

（1）使用兆欧表测量绝缘电阻，应该至少有两个人参与工作，其中一人转动兆欧表，另一人要兼管安全监视。

（2）在工作中，不允许触及兆欧表、测试线及电容器的带电部位。

（3）对于电容器、电力电缆，在测量前与测量后，一定要进行人工放电，对于容量较大的电动机也要进行放电。

（4）测量过程中，兆欧表的转速应始终保持在 120 r/min，不能忽快忽慢，更不能停止。

（5）测量时，一定要遵守先转动兆欧表，再接通"L"线的原则；工作进行到读数完毕、准备结束时，务必要先断开"L"线，再停止转动兆欧表。

（6）测量前，应当对兆欧表进行外观检查及开路、短路试验。

（7）测试线应采用专用的加厚绝缘的塑料线，不能用普通的麻花线代替。测量时，测试线不能拖在地上，而应当架空，测试线不应当过长。

（8）兆欧表在结构上有一个特点，它没有固定的零位，不工作时，表针可停在任意位置。因此，兆欧表在使用之前不需要机械调零，也没有机械调零的装置。

### 七、钳形电流表

钳形电流表是便携式电流表的一种，与普通的电流表相比，钳形电流表无须断开导线，便可在带负荷的情况下测量电流。钳形电流表的使用方法很简单，它有一个可以随意张开的钳口。测量时，使钳口张开，将被测导线放入钳口内，仪表即可显示被测电流的数值。测完后，再把导线从钳口退出。钳形电流表上有一个转换开关，用来选择钳形电流表的量程。使用前，先估计被测电流的大小，并选择比此值大一点的挡位，如果无法估计被测电流的大小，则应选择量程的最大挡，然后逐挡下调。有些钳形电流表除了能测量交流电流以外，还能测量电压和电阻，成了一个万用表。原则上说，除了测量交流电流以外，新增加的这些功能都不属于钳形电流表的功能。常用钳形电流表的外形图如图 2-45、图 2-46 所示。

图 2-45 常用指针式钳形电流表的外形图

图 2-46 常用数字式钳形电流表的外形图

钳形电流表在使用中要注意下列事项：
（1）使用前先进行外观检查，并视需要作机械调零。

(2) 正确选择量程。如果需要变换量程,应把导线从钳口中退出,再调整转换开关。

(3) 测量时,尽量使钳形电流表平放。

(4) 由于钳形电流表经常用于测量电源线,因此,在使用时要特别注意安全,防止人身触及带电部位,同时也要防止导线之间发生短路。

(5) 不允许测量高压线及裸导线的电流。

**八、接地电阻测试仪**

接地电阻测试仪是用来测量接地体的接地电阻的仪表,外形见图 2-47。

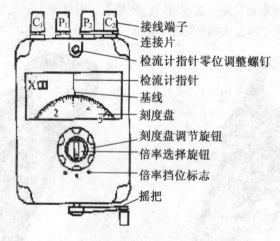

图 2-47 接地电阻测试仪的外形图

从外观上看,接地电阻测试仪有三接线端子和四接线端子两种,它们的使用方法是一样的,只是端子的名称和接线方法略有区别。三接线端子接地电阻测试仪的端子名称是 C、P、E,四接线端子的名称是 $C_1$、$C_2$、$P_1$、$P_2$。以四接线端子的接地电阻测试仪为例,接线方法如图 2-48 所示。接地电阻测试仪(以下简称测试仪）靠近被测接地体放置，从测试仪的 $P_2C_2$ 端引出一根测试线，接到被测接地体的引线上，在被测接地体外 20 m 处设一个辅助接地极 $P'$（实际上就是在地上插一根铁钎），称为电位极，并用一根测试线接到测试仪的"$P_1$"端，此线称为 20 m 线，再在延长线上，距被测接地体外 40 m 处同样设一个辅助接地极 $C'$，称为电流极，也用一根测试线接到测试仪的"$C_1$"端，这根线称为 40 m 线，接线工作即告完成。

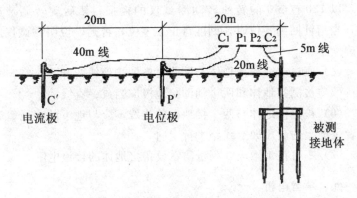

**图 2-48　三接线端子接地电阻测试仪的接线**

测试仪也有一个选择开关，用来选择测试仪的倍率。通常它有 3 个挡位：$R×1$、$R×10$ 和 $R×100$，或者是 $R×0.1$、$R×1$ 和 $R×10$，可根据被测接地体的接地电阻的数值来选择。

测试仪的指针位于中间位置，可以向两边偏转，它的刻度盘是圆形的，可由外面的一个调节旋钮带动旋转。测试时，转动测试仪的摇把，保持 120 r/min 的转速，此时测试仪的表针将会偏离中线，旋转测试仪上刻度盘的调节旋钮，指针也会随之摆动，直到指针摆回中线位置，此时指针对准的刻度盘的数字即是我们要测的数值。停止摇动，记下这个读数，测试工作结束。最终的接地电阻的数值是测试仪的读数与选择开关的倍率的乘积。

对于四接线端子的测试仪，$P_1$ 端接电位极 $P'$，$C_1$ 端接电流

极 $C'$，$P_2$ 与 $C_2$ 端短接后，接被测接地体。其接线方法可参照图 2-47 的标示。用接地电阻测试仪测量接地体的接地电阻，其注意事项是：

（1）使用前，要进行外观检查，各部位均应完好无损。

（2）根据需要对测试仪的检流计进行机械调零，使指针位于中间位置。

（3）作短路试验。方法是将测试仪的所有接线端子全部短接，以 120 r/min 的转速转动测试仪的摇把，然后旋转调节旋钮，当指针回到零位时，刻度盘正在零位，否则，说明测试仪的准确度不良。

（4）测试前应将接地体与被测设备的接地线断开。

（5）被测接地体和两个辅助接地极应当成一直线。

（6）被测接地体与两个接地极的连线不应与地下的金属管道或者是地上的高压架空线路平行走向。

（7）不可在雷雨天气测量防雷设备接地体的接地电阻。

### 九、单臂电桥

电桥是一种精确度较高的测量仪表。本书所介绍的单臂电桥亦称惠斯登电桥，是电桥中最简单的一种，用来测量电阻的阻值。单臂电桥的面盘上有这样几个部分：4 个调节旋钮，为比较臂；一个倍率旋钮，称比率臂；一个检流计；两组接线柱分别标为"B"（外接电源端子）和"G"（外接检流计端子）；还有几个接线端子和两个按键（G 键和 B 键），其中最常用的是两个连接被测电阻的接线端子，标有"Rx"字样，常用单臂电桥的外形如图 2-49 所示，元件的布置见图 2-50。使用电桥来测量电阻值，一般可以精确到 4 位有效数字，因此，只有精密电阻才需要用电桥来测量。

（一）单臂电桥的使用

首先用万用表进行初测，然后，按照初测的电阻值去调节比较臂旋钮和比率臂旋钮。4 个调节旋钮分别标为"R×1000"、

图2-49 常用单臂电桥的外形图

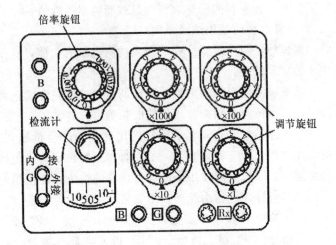

图2-50 单臂电桥元件的布置图

"R×100"、"R×10"、"R×1",假设被测量电阻的初测量值为3500 Ω,则把"R×1000"旋钮调到3,把"R×100"旋钮调到5,其余两个可以不调,"倍率旋钮"调到"1"。若被测量电阻值为35000 Ω,这时调节旋钮的调节方法不变,而倍率旋钮应调到"10"。若被测量电阻值为350 Ω,调节旋钮仍然不变,而倍率旋钮应调到"0.1"(有的电桥标为"$10^{-1}$")。总之,调节旋钮和倍率旋钮要根据被测电阻的初测量值配合调节。这两个旋钮调好后，就可以接入被测电阻，要把接线端子拧紧，尽量减小其接触电阻。上述工作完成后，即可进行测量了。按下开关"B"键并锁紧，如果没有异常现象，继续按下开关"G"键，按下此钮，就接通了检流计，此时，检流计的指针要偏转。"检流计"是一个高灵敏的仪表。检流计的指针零位位于刻度盘的中央，指针可以向两边偏转。调节调节旋钮，使检流计的指针回到零位。注意，调节旋钮一定要从"R×1"钮开始调，若不能将检流计的指针调回零位，再调"R×10"钮。总之，一定要从小开始调。当把指针调回零位后，依次断开"G"键和"B"键，比率臂四旋钮数字之和与比率臂的倍率乘积就是被测电阻的数值。

（二）单臂电桥的使用注意事项

（1）测试前，应当尽量准确地初测被测电阻的数值，这是保护检流计的重要措施；

（2）根据被测电阻的初测值，明确调整调节比较臂旋钮和比率臂旋钮，以保证测量结果有4位数的精确度。

（3）检流计一般都有调零旋钮，使用前应先进行机械调零。有的检流计的指针带有锁定装置，不用时将指针锁定，以免指针作无谓的摆动，以致缩短使用寿命，对这样的检流计，使用前应先解除锁定，指针才能自由摆动。用完后，再把指针锁定。

（4）在接通电源时，务必先按"B"键，再按"G"键，测量后，要先断开"G"键，再断开"B"键，这是在测量带有一定电感性的电阻时，使用电桥的一项基本原则。

（5）在调整比较臂旋钮时，一定要从低挡位开始，然后再调高位挡，切不可先调高挡位。

电桥是一种比较精密的测量仪表，价格比较高。作为电桥核心部分的检流计十分娇嫩与脆弱，很容易因过载而受到损伤。因此，使用中要熟悉并遵守电桥的使用规则，避免因错误操作而造成损失。

# 第三章 电力系统基础知识

## 第一节 电力系统结构

电力系统是由发电、变电、输电、配电和用户组成的统一整体。电力通常由火力发电厂或水力发电站产生,然后通过电网输送到用电设备,其过程如图 3-1 所示。

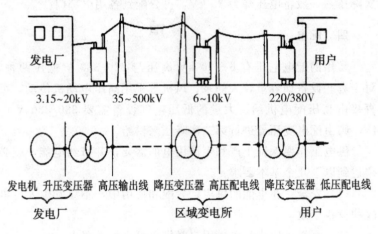

图 3-1 从发电厂到用户的输电过程示意图

一、升压

考虑到发电机的绝缘与运行安全,发电机发出的电压不能过高,一般为 3.15~20 kV,然后再把发电机发出的电压用升压变压器升高后才能输送出去。

二、高压输电

当输送的电力(电功率)一定时,电压越高则电流越小,而

115

输电线路上的功率损耗是与其电流平方成正比的，因此高压输电可大大减小输电线路上的功率损耗，同时因其电流小，也可减小输电导线的截面，节约了导电金属。由于目前发电厂的发电机容量愈来愈大，电力的输送距离愈来愈远，所以输电线路的电压等级也愈来愈高。我国目前高压输电电压等级有 35 kV、110 kV、220 kV、330 kV 以及 500 kV 几种。

### 三、变电

对于大容量电网，当高压电输送到用户附近后，先经过第一次降压，一般将电压降为 35 kV，再分配到各用电部门。

### 四、配电

常用的配电电压有 6～10 kV 高压与 220/380 V 低压两种。对于有些设备如容量较大的泵、风机等采用高压电动机传动，可直接由高压配电供给。大量的低压电气设备需要 380/220 V 电压，则由配电变压器进行第二次降压来供给。

供电工作要保证生产和生活用电的需要，并节约电能，就必须达到以下几个基本要求：

（1）安全：在电能的供应、分配和使用中，不应发生人身事故和设备事故。

（2）可靠：应满足电能用户对供电可靠性的要求。

（3）优质：应满足用户对电压质量和频率方面的要求。

（4）经济：供电系统投资要少，运行费用要低，节约电能与导线。

### 五、电力系统电压等级

电力系统电压一般分为高、低两个等级，我国国家标准为 1 kV 及以下电压为低压，1 kV 以上电压为高压。

我国低压电网和用电设备常用额定电压有：220 V、380 V、

660 V。我国高压电网和用电设备常用额定电压有：3 kV、6 kV、10 kV、35 kV、63 kV、110 kV、220 kV、330 kV、500 kV。

## 第二节　电力系统常用电器设备

### 一、常用高压电器

（一）高压熔断器

高压熔断器是一种简单的保护电器，由熔体、熔体管和接触导电端等部分组成。使用时串联在电路中，主要对电路进行短路保护，有时也有过负荷保护作用。高压熔断器型号的含义如表3-1所示。

表 3-1　　　　　　高压熔断器型号的含义

| 第一位 | 第二位 | 第三位 | 第四位 | 第五位 |
| --- | --- | --- | --- | --- |
| R：熔断器 | N：户内<br>W：户外 | 设计序号 | 额定电压 | 熔管的额定电流 |

高压熔断器分为户内型和户外型两种。

1. 户内型

户内型高压熔断器用 RN 表示，不具有防风、雨、雪、冰和浓霜等性能，适于安装在建筑场所内使用。常用的 RN 型系列高压熔断器的作用如表 3-2 所示，RN1、RN2 高压熔断器的结构如图 3-2 所示。

表 3-2　　　　　RN 系列高压熔断器的用途

| 型号 | 用途与特点 |
|------|-----------|
| RN1 | 作为供电线路、变电站设备的过载与短路保护用 |
| RN2 | 作为电压互感器的短路保护用 |
| RN3 | 作为电力线路的短路保护用 |
| RN4 | 作为直流配电装置的过载与短路保护用 |
| RN5 | 与 RN1 用途一致，但改进的外形 |
| RN6 | 与 RN2 用途一致，但改进的外形 |

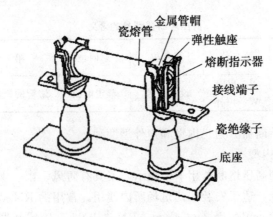

图 3-2　RN1、RN2 高压熔断器

2. 户外型

户外型高压熔断器用 RW 表示，能承受风、雨、雪、污秽、凝露、冰和浓霜等作用，适于安装在露天使用。常用的有 RW 型角形高压熔断器和 RW 型高压跌落式熔断器。图 3-3 为 RW2、RW3 高压熔断器的结构图。

（二）高压隔离开关

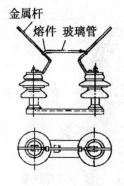 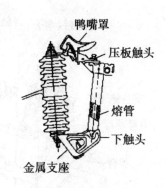

(a) RW2-35型角形高压熔断器　　(b) RW3型高压跌落式熔断器

图 3-3　RW2、RW3 高压熔断器

高压隔离开关串联在电路中，起将线路中的高压电气设备与电源隔离和进行倒闸操作的作用。它没有灭弧装置，不能用来接通和切断负荷电流。高压隔离开关型号的含义如表 3-3 所示。高压隔离开关分为户内型和户外型两种。户内型高压隔离开关用 GN 表示，户外型高压隔离开关用 GW 表示。图 3-4 为 GN8-10/600 型高压隔离开关的结构图。

表 3-3　　　　　　高压熔断器型号的含义

| 第一位 | 第二位 | 第三位 | 第四位 | 第五位 | 第六位 |
| --- | --- | --- | --- | --- | --- |
| G：隔离开关 | N：户内<br>W：户外 | 设计序号 | 额定电压 | G：改进型<br>D：带接地闸刀<br>K：快速分闸<br>T：统一设计 | 额定电流 |

（三）高压负荷开关

高压负荷开关是一种可带负荷分合电路的控制电器，具有简单的灭弧装置，可以熄灭切断负荷电流时产生的电弧。高压负荷开关型号的含义如表 3-4 所示。高压负荷开关分为户内型和户外型两种。户内型高压负荷开关用 FW 表示，户外型高压负荷

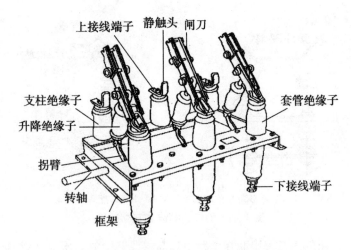

**图 3-4 GN8-10/600 型高压隔离开关**

开关用 FW 表示。图 3-5 为 FN3-10RT 型高压负荷开关结构图。

表 3-4　　　　　高压负荷开关型号的含义

| 第一位 | 第二位 | 第三位 | 第四位 | 第五位 | 第六位 |
| --- | --- | --- | --- | --- | --- |
| F：负荷开关 | N：户内<br>W：户外 | 设计序号 | 额定电压 | G：改进型<br>R：带熔断器 | T：带热脱扣器 |

（四）高压断路器

高压断路器是一种具有完善的灭弧装置的高压电器设备，常用来使高压电路在正常负荷下接通或断开，以及在短路故障时自动迅速切断电路。高压断路器型号的含义如表 3-5 所示。高压断路器分为油断路器（多油断路器、少油断路器）、六氟化硫断路器、空气断路器、真空断路器等。图 3-6 为 SN10-10 型高压少油路断路器的结构图。

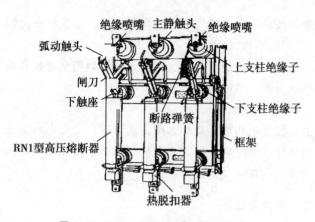

图 3-5　FN3-10RT 型高压负荷开关

表 3-5　　　　　　高压断路器型号的含义

| 第一位 | 第二位 | 第三位 | 第四位 | 第五位 | 第六位 | 第七位 |
|---|---|---|---|---|---|---|
| C：磁吹断路器<br>D：多油断路器<br>L：六氟化硫<br>　　断路器<br>Q：空气断路器<br>S：少油断路器<br>Z：真空断路器 | N：户内<br>W：户外 | 设计<br>序号 | 电压<br>等级 | G：改<br>进型 | 额定<br>电流 | 额定<br>容量 |

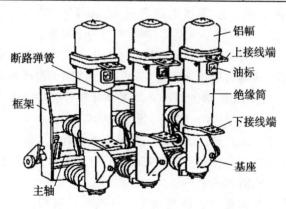

图 3-6　SN10-10 型高压少油路断路器

常用断路器操作机构有手动操作机构、电磁操作机构。

1. 手动操作机构

手动操作机构能手动和远距离跳闸,利用交流操作电源,但只能手动合闸,不能自动合闸。

2. 电磁操作机构

电磁操作机构能手动和远距离跳合闸,变配电所应用它能实现自动切换供电电路,但需直流操作电源,操作功率很大,影响到合闸速度的提高及机电寿命。

## 二、电力变压器

(一) 变压器的用途与分类

1. 变压器的用途

变压器是电力系统和电子线路中重要的电气设备,起到将交流电压升高或降低,并保持频率不变的作用。

在电力系统中,一方面,向远方传输电能时,因线路的功率损失与电流的平方成正比,为减少线路上的电能损耗并有利于选用较细的传输电线,降低投资成本,需要通过高电压、低电流来传输电能。由于发电机受到绝缘的限制,不能直接发出高电压,因此只有采用变压器将电压升高到 10 kV、35 kV、60 kV、110 kV、220 kV、330 kV 及 500 kV 等若干等级。另一方面,又因用户的用电设备一般不能直接使用高压,又需要降低电压,这就要采用变压器将电压降低到 6 kV 或 1 kV (大型动力设备用)、380 V (一般三相电动机用)、220 V (日常用电)、110 V (互感器用) 及 36 V、24 V、12 V (安全照明灯用)。

电力系统无论升压或降压,都采用逐级升压、降压措施,因此变压器对电力系统的经济和安全运行有着十分重要的意义。

2. 变压器的分类

变压器用途很广,种类很多,一般可以按用途、按绕组结构、按相数、按冷却方式、按铁心形式和按调压方式等进行分类。

（1）**按用途分类**：变压器可分为电力变压器、特种变压器、试验变压器、测量变压器、调压器。电力变压器用于电力系统中的升压或降压，供输电、配电和厂矿企业用电使用，是一种最常用的变压器。特种变压器包括冶炼用的电炉变压器，电解用的整流变压器，焊接用的弧焊变压器等。

（2）**按绕组结构分类**：变压器可分为双绕组变压器、三绕组变压器、自耦变压器。双绕组变压器用于连接两个电压等级的电力系统，应用最普遍。三绕组变压器用于连接 3 个电压等级的电力系统，多用于区域变电站。自耦变压器用于连接超高压、大容量的电力系统，但其调压范围小。

（3）**按相数分类**：变压器可分为单相变压器和三相变压器。

（4）**按冷却方式分类**：变压器可分为油浸式变压器、干式变压器、充气式变压器、蒸发冷却式变压器。油浸式变压器包括油浸自冷、油浸风冷、油浸水冷、强迫油循环风冷或水冷等。干式变压器依靠空气对流进行冷却，一般用于局部照明、电子线路等小容量、不能有油的场合。充气式变压器是用特殊化学气体进行散热的变压器。

（5）**按铁芯形式分类**：变压器可分为芯式变压器和壳式变压器。芯式变压器用于高电压的电力系统。壳式变压器为大电流的特殊变压器，如弧焊变压器和电炉变压器等。

（6）**按调压方式分类**：变压器可分为无励磁（无载）调压变压器和有载调压变压器。

（二）电力变压器的构造

电力变压器一般由器身（铁芯、绕组、绝缘、引线及分接开关）、油箱（油箱本体及放油阀门、小车、接地螺栓等附件）、冷却装置、保护装置（储油柜、安全气道、吸湿器、油位计、测温元件及气体继电器等）和出线装置（高压套管、低压套管）等组成。器身的铁芯和绕组之间，一次、二次绕组间及绕组本身的各匝间均有相应的绝缘。另外，在高压侧设有调节电压用的无励磁分接开关。图3-7为油浸式电力变压器的结构，图3-8为其器身的结构。

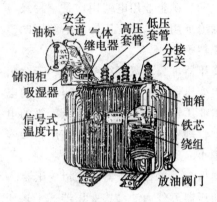 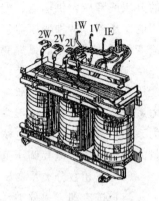

图3-7 油浸式电力变压器的结构　　图3-8 电力变压器器身的结构

(1) 铁芯：铁芯起磁路作用，一般用厚0.35~0.5 mm、表面涂有0.01~0.13 mm厚绝缘漆的硅钢片叠压而成。铁芯分为铁芯柱和铁扼两部分，铁芯柱上套装绕组，铁扼将铁芯柱连接起来，使之形成闭合磁路。

(2) 绕组：它起电路作用，一般用包有绝缘层（如绝缘纸、棉纱或聚酯漆）的圆形或矩形铜线或铝线绕制并经过浸漆处理而成。电力变压器的绕组一般有圆筒式、螺旋式、连续式几种。

(3) 油箱：它也是变压器的外壳，一般用钢板焊接而成，内装铁芯、绕组和变压器油，同时起到散热作用。

(4) 储油柜：又称油枕，安装在油箱的侧上方，用油管与油箱连通，起储油和补油作用。当变压器运行时，油箱里的油因受热而体积膨胀，便流入储油柜；而当温度下降、油体积收缩时，储油柜里的油就可以补充到油箱，以保证油箱里始终充满着变压器油。这样，储柜就使油与空气的接触面减小，从而减少油的氧化和水分的侵入。

(5) 气体继电器：它安装在油箱与储油柜之间的连接管道中，当变压器内部发生匝间短路绝缘击穿或铁芯故障产生气体时，发出警告信号或跳闸。

(6) 出线套管：它是将变压器绕组的引线分别引到油箱顶部的绝缘装置，既是引线对地（油箱）的绝缘，又是引线的固定装置。出线套管应经常检查、清扫，以防发生事故。

(7) 变压器油：它起绝缘、散热和灭弧作用。

(三) 电力变压器的型号

国产电力变压器的型号及含义如表 3-6 所示。

表 3-6　　　　　变压器的型号及含义

| | |
|---|---|
| 第一位（产品类型） | O：自耦变压器（O 在前为降压，O 在后为升压）<br>空：电力变压器<br>H：电弧炉变压器<br>ZU：电阻炉变压器<br>R：加热炉变压器<br>Z：整流变压器<br>K：矿用变压器<br>D：低压大电流用变压器<br>J：电机车用变压器（机床、局部照明用）<br>Y：试验用变压器<br>T：调压器<br>TN：电压调整器<br>TX：移相器<br>BX：焊接变压器<br>ZH：电解电化学变压器<br>G：感应电炉变压器<br>BH：封闭电弧炉变压器 |
| 第二位（相数） | D：单相<br>S：三相 |

**续表**

| | |
|---|---|
| 第三位（冷却） | G：干式<br>空：油浸自冷<br>F：油浸风冷<br>S：水冷<br>FP：强迫油循环风冷<br>SP：强迫油循环水冷<br>P：强迫油循环 |
| 第四位和第五位（结构） | 空：双线圈<br>S：三线圈<br>空：铜线<br>L：铝线<br>C：接触调压<br>A：感应调压<br>Y：移圈式调压<br>Z：有载调压<br>空：无激励调压<br>K：带电抗器<br>T：成套变电站用<br>Q：加强型 |
| 第六位（设计序号） | 用阿拉伯数字表示 |
| 第七位（额定容量） | 用阿拉伯数字表示，单位为千伏安（kV·A） |
| 第八位（高压绕组电压等级） | 用阿拉伯数字表示，单位为千伏（kV） |

例如：S9-500/10 为三相油浸自冷式铜线双绕组电力变压器，额定容量 500 kV·A，高压侧额定电压为 10 kV，第 9 次设计。

（四）电力变压器的主要参数

电力变压器铭牌（见图 3-9）是变压器简单说明书，上面刻有变压器主要的技术数据。铭牌要求用不受气候影响的材料制成并安装在醒目的位置，所有项目应牢固刻出（如蚀刻、雕刻或打印)。

电力变压器的主要参数有:

(1) 型号:目前电力系统推广使用节能型变压器 S9 系列产品,逐步淘汰 SL7 和 S7 系列产品。

(2) 额定电压（V 或 kV):它指变压器长时间运行时所能承受的工作电压。高压侧额定电压指一次绕组正常运行时的线电压;低压侧额定电压指一次侧加上额定电压后,低压边空载时的线电压。

(3) 额定容量（kV·A):它指变压器正常运行时,二次侧允许负载的视在功率,也是变压器可能传输的最大功率。

```
                三相变压器
产品型号   S7              标准代号  GB10941—5—85
产品容量   200 kV·A        产品代号  IPB710  810
额定电压   10000 V±5%      出厂序号  931434
额定频率   50 Hz  3 相
连接组标号  Y/Y。
冷却方式   油冷
使用条件   户外
阻抗电压   4.35%
器身吊重   530 kg   绝缘油重  215 kg   总量  1015 kg
              中华人民共和国××变压器厂×年×月
```

| 开关位置 | 高压 V | 高压 A | 低压 V | 低压 A |
|---|---|---|---|---|
| Ⅰ | 10500 | | | |
| Ⅱ | 10000 | 11.5 | 400 | 289 |
| Ⅲ | 9500 | | | |

**图 3-9 变压器的铭牌**

(4) 额定电流（A):它指变压器在额定容量下,一、二次绕组中允许长时间连续通过的电流。其大小近似为:

$$额定电流 = \frac{1}{\sqrt{3}}\left(\frac{额定容量}{额定电压}\right)$$

(5) 阻抗电压（%）：它又叫短路电压，用百分比表示，指变压器二次绕组在短路条件下，让一次绕组缓慢升高电压，当二次绕组产生的短路电流等于其额定电流时一次侧的电压。阻抗电压表征变压器铜损的大小。

(6) 连接组标号：它指三相变压器每相（一次、二次）绕组的极性关系和连接方式。三相配电变压器通常采用 $Y/Y_0$—12 接线。

(7) 额定频率：我国标准规定电源额定工作频率为 50 Hz。

此外，铭牌上还标有产品代号、出厂日期、厂家及其他电气参数。

（五）电力变压器的连接方式

1. 绕组同名端

变压器运行前，要把它的极性和绕组标号搞清楚。所谓极性，是指一次、二次绕组的首末端标志。任一瞬间，当一次绕组的某一端电位为正时，二次绕组也有一个相应的正端，这两个同极性端，就称为同名端。

如图 3-10 所示，A、B、C 表示高压绕组首端，X、Y、Z 表示高压绕组末端；a、b、c 表示低压绕组首端，x、y、z 表示低压绕组末端。高压、低压的同名端用"◎"表示。

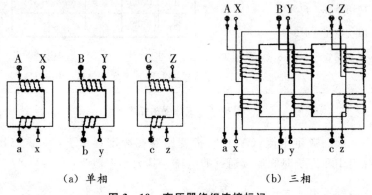

(a) 单相　　　　　　(b) 三相

图 3-10　变压器绕组连接标记

2. 星形（Y）和三角形（△）连接

（1）星形（Y）连接：把三相绕组的 3 个末端连接在一起，这个连接点称为中性点，用 N 表示，3 个首端分别接到电源或负载上，这种连接称为星形连接。用字母 Y（大写，表示高压端）或 y（小写，表示低压端）来表示星形连接。

（2）三角形（△）连接：把每一相绕组的末端和另一相绕组的首端依次连接在一起，并把 3 个连接点引出接到电源或负载上，这种连接称为三角形连接，用字母 D（大写，表示高压端）或 d（小写，表示低压端）来表示。

（六）电力变压器常见故障及检修

1. 电力变压器运行中的检查

（1）检查声音是否正常，变压器正常运行时发出均匀的"嗡嗡"声，发生故障时会产生异常声响。

（2）检查油面高度和油色是否正常，检查油温是否正常。正常运行的油位应在油面计的 1/4～3/4 之间，新油呈浅黄色，运行后呈浅红色。油位过高或过低，都是不正常现象。变压器过载时油受热膨胀油位升高，变压器漏油时油位下降。以上层油温为准，一般不应超过 85 ℃，最高不得超过 95 ℃。同时要特别检查油标管、呼吸器、防爆通气孔有无堵塞，避免造成假油面。

（3）检查套管、引线的连接是否完好，套管有无裂纹、损坏和放电痕迹，引线、导杆和连接栓有无变色。套管如不清洁或破裂，在阴雨天或雾天会使泄漏电流增大，甚至发生对地放电。还要检查有无树枝或其他杂物搭在套管上。

（4）检查高、低压熔丝是否正常，不正常的应查明原因。

（5）检查变压器的接地装置是否完好。正常运行的变压器外壳的接地线、中性点接地线和防雷装置接地线都紧密连接在一起，并完好接地，如有锈、断等情况，应及时处理。

变压器有下列情形之一应立即停止运行：响声大且不均匀，有爆裂声；在正常冷却条件下，油温不断上升；油枕喷油或防爆管喷油；油面降落低于油位计上的限度；油色变化过大，油内出现炭质等；套管有严重的破损和放电现象。

2. 电力变压器常见故障及排除方法

电力变压器常见故障及排除方法见表 3-7。

表 3-7　　　　　电力变压器常见故障及排除方法

| 常见故障 | 可能原因 | 排除方法 |
| --- | --- | --- |
| 变压器发出异常声响 | （1）变压器过负载，发出的声响比平常沉重<br>（2）电源电压过高，发出的声响比平常尖锐<br>（3）变压器内部振动加剧或零部件松动，发出的声响大而嘈杂<br>（4）绕组或铁芯绝缘有击穿现象，发出的声响大且不均匀或有爆裂声<br>（5）套管太脏或有裂纹，发出"嗞嗞"声，且套管表面有闪络现象 | （1）减少负载<br>（2）按操作规程降低电源电压<br>（3）减小负载或停电修理<br>（4）停电修理<br>（5）停电清洁套管或更换套管 |
| 油温过高 | （1）变压器过负载<br>（2）三相负载不平衡<br>（3）变压器散热不良 | （1）减小负载<br>（2）调整三相负载的分配，使其平衡；对于 Yy0 连接的变压器，其中性线电流不得超过低压绕组额定电流的 25%<br>（3）检查并改善冷却系统的散热情况 |
| 油面高度不正常 | （1）油温过高，油面上升<br>（2）变压器漏油、渗油，油面下降（注意与天气变冷油面下降的区别） | （1）见以上"油温过高"的处理方法<br>（2）停电修理 |

续表

| 常见故障 | 可能原因 | 排除方法 |
|---|---|---|
| 变压器油变黑 | 变压器绕组绝缘击穿 | 修理变压器绕组 |
| 低压熔丝熔断 | （1）变压器过负载<br>（2）低压线路短路<br>（3）用电设备绝缘损坏，造成短路<br>（4）熔丝的容量选择不当，熔丝本身质量不好或熔丝安装不当 | （1）减小负载，更换熔丝<br>（2）排除短路故障，更换熔丝<br>（3）修理用电设备，更换熔链<br>（4）更换熔丝，并按规定安装 |
| 高压熔丝熔断 | （1）变压器绝缘击穿<br>（2）低压设备绝缘损坏造成短路，但低压熔丝未熔断<br>（3）熔丝的容量选择不当、熔丝本身质量不好或熔丝安装不当<br>（4）遭受雷击 | （1）修理变压器，更换熔丝<br>（2）修理低压设备，换上适合的熔丝<br>（3）更换熔丝，并按规定安装<br>（4）更换熔线 |
| 防爆管薄膜破裂 | （1）变压器内发生故障（如绕组相间短路等），产生大量气体，压力增加，致使防爆管薄膜破裂<br>（2）由于外力作用造成防爆管薄膜破裂 | （1）停电修理变压器，更换防爆管薄膜<br>（2）更换防爆管薄膜 |
| 气体继电器动作 | （1）变压器绕组匝间短路、相间短路，绕组断线、气体继电线、对地绝缘击穿等<br>（2）分接开关触头表面熔化或灼伤，分接开关触头放电或各分接头放电 | （1）停电修理变压器绕组<br>（2）停电修理分接开关 |

### 三、常用低压电器

(一) 熔断器

熔断器是用来对电路和用电设备过载和短路进行保护的电器,串接在被保护的电路中。当电路正常工作时,流过其熔体的电流小于或等于熔体的额定电流,它就像是一根导线。当电路出现过载或短路时,便有很大的电流通过,熔体发热而熔断,从而切断电路,达到保护电路和用电设备的目的。

熔断器显著的特点是结构简单、使用方便、体积小、重量轻、价格低廉,因此得到广泛的应用。

1. 熔断器的结构

熔断器主要由熔断体(简称熔体)、触头插床和绝缘底座组成。熔体一般由低熔点、易熔断、导电性能好、不易氧化的金属材料制成。熔体一般采用两类材料:一类是铅、锡等合金和锌等低熔点金属,由于其熔点低不易灭弧,故一般用在小电流的电路中;另一类是银、铜等高熔点金属,其灭弧容易,故一般用在大电流电路中。

2. 熔断器的主要技术参数

(1) 额定电压:它指熔断器长期工作所能承受的电压,如交流 380 V、500 V、1000 V 等,直流 220 V、440 V 等。

(2) 额定电流:它指熔断器在长期工作制下,各部件温升不超过规定值时所能承受的电流。应指出的是,熔断器的额定电流和熔体的额定电流是不同的。例如 RL1-60 熔断器,其额定电流是 60 A,但所装的熔体额定电流就可能为 20 A、30 A、40 A、50 A、60 A 等不同等级。

(3) 极限分断能力:它指熔断器在额定电压及一定功率因数下能分断短路电流的极限能力。短路时熔体熔断时间不随电流的变化而变化,是一个常数,所以熔断器主要用于短路保护。

3. 低压熔断器的型号

低压熔断器的型号及含义如表3-8所示。

表3-8　　　　　　低压熔断器的型号及含义

| 第一位 | 第二位 | 第三位 | 第四位 |
| --- | --- | --- | --- |
| R：熔断器 | C：插入式<br>T：有填料管式<br>L：螺旋式<br>S：快速熔断器<br>M：密封管式<br>E：自复式 | 设计序号 | 额定电流（A） |

4. 常用低压熔断器

（1）RC1A系列瓷插式熔断器：它的外形及在电路中的符号见图3-11，由瓷体、瓷盖（插件）、动触头、静触头和熔丝等组成。这种熔断器额定电压为380 V及以下，额定电流为5～200 A，被广泛用于照明电路和小容量电动机的电路中。

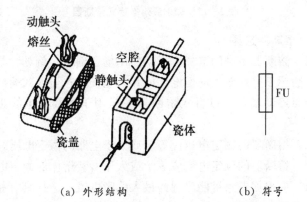

(a) 外形结构　　　　　　(b) 符号

**图3-11　RC1A系列瓷插式熔断器结构及熔断器的符号**

（2）RL1系列螺旋式熔断器：RL1系列螺旋式熔断器是有填料封闭管式熔断器的一种，其结构见图3-12，主要由瓷帽、熔管、瓷套、上接线端、下接线端和底座组成。主要用在工厂

200A以下的控制箱、配电箱电路和机床电机的控制电路以及震动较大的场合。

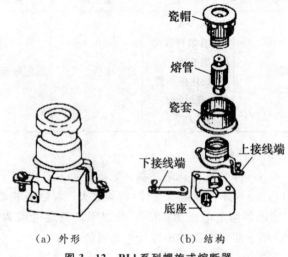

(a) 外形　　　　(b) 结构
图 3-12　RL1 系列螺旋式熔断器

5. 熔断器选择

(1) 熔断器类型的选择应根据使用场合确定。例如，管式熔断器一般用于容量较大的变电场所和大型设备；插入式熔断器一般用于无震动场所；可拆式熔断器一般用于经常发生故障的电路等。

(2) 熔断器的额定电压应等于或大于电路的额定电压。

(3) 熔断器的额定电流应等于或大于所装熔体的额定电流。

(4) 应根据电路可能出现的最大故障电流，选择具有相应分断能力的熔断器。

(5) 若用电设备需要在发生故障时能快速保护，应选择快速熔断器。

(6) 熔体的规格选择必须根据被保护电路的不同情况，按照表 3-9 来考虑。

表 3-9　　　　　　　　不同负载熔体的规格选择

| 负载类型 | 熔体的规格选择 |
|---|---|
| 纯电阻性负载，如白炽灯照明、电炉等 | 熔体的额定电流应等于或稍大于负载额定工作电流总和 |
| 单台的电动机负载 | 熔体的额定电流应等于 1.5～2.5 倍的电动机额定电流 |
| 对于多台的电动机负载 | 熔体的额定电流应等于电路上功率最大的一台电动机额定电流的 1.5～2.5 倍，再加上其他电动机额定电流的总和 |
| 有多级熔断器保护的电路 | 各级熔断器必须相互配合。在通过相同的电流时，电路上的上一级熔断器的熔断时间应为下一级熔断器的 3 倍以上。当上、下级熔断器采用同一型号时，其电流等级以相差两级为宜。如果采用的熔断器是不同型号的，应根据产品的熔断时间来选取 |

（二）刀开关

刀开关是低压配电电器中结构最简单、用途最广泛的电器之一，它是一种带有动触头（触刀），并通过与底座上的静触头（刀座）相契合（或分离），作为不频繁接通、切断电路或隔离电源的开关，适用于额定电压交流 380 V 或直流 440 V，额定电流 1500 A 以下的配电设备中。刀开关的结构如图 3-13 所示。

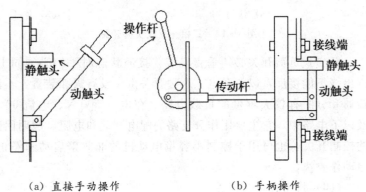

(a) 直接手动操作　　　　　　(b) 手柄操作

(c) 一般图形符号　　　　(d) 手动符号

图 3-13　单相刀开关的结构及符号

（三）开启式负荷开关

开启式负荷开关又称为闸刀开关或瓷底胶盖刀开关，外形及结构见图 3-14。它由瓷底座、进线座、静夹座、动触头、熔丝、出线座和上下胶盖组成。动触刀上端装有瓷质手柄，以便于操作，上下两个胶盖用紧固螺钉固定，将开关罩住，所以合闸时，操作人员不会误触导电部件，分闸时可防止电弧飞出盖外伤人。

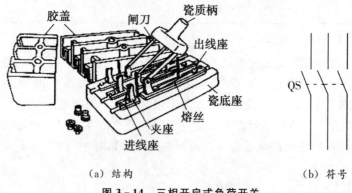

(a) 结构　　　　　　　(b) 符号

图 3-14　三相开启式负荷开关

开启式负荷开关必须垂直安装，接通状态时手柄必须同上。进出线不能接反，以免触电。这种开关由于没有灭弧装置，不能接通和分断有较大容量的负载电路。在电压 500 V、电流 60 A 及以下电路中，它主要用作分支路的配电开关和电阻、照明回路的控制开关，也可用于控制小容量电动机的非频繁启动和停止，但动作要快。

（四）封闭式负荷开关

封闭式负荷开关也叫铁壳开关，其结构如图3-15所示，主要由闸刀、夹座、熔断器、铁壳、速断弹簧、转轴和手柄等组成。铁壳开关是在闸刀开关的基础上改进设计的，其灭弧性能、操作性能等均优于闸刀开关。铁壳开关适用于工矿及农村电力排灌和照明等各种配电装置中，作为不频繁接通和分断电路用。

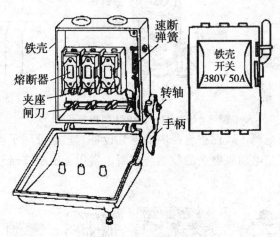

图3-15 铁壳开关

（五）转换开关

转换开关又称为组合开关，是一种多层触点组合而成的刀开关。其中采用刀开关结构形式的称为刀形转换开关，采用叠装式触头元件组合旋转操作的，称为组合开关。H210-10/3型转换开关的外形和结构见图3-16。转换开关广泛用于5 kW以下电动机的直接启动、停转、正反转以及电路的电源引入和机床照明控制电路中。

（六）低压断路器

低压断路器俗称自动开关，它在低压网和电力拖动系统中的主要作用是当电路一旦发生短路、严重过载、欠电压等情况时，

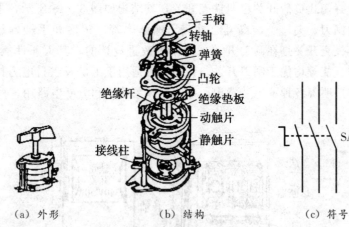

(a) 外形　　　　　(b) 结构　　　　　(c) 符号

图 3 - 16　H210 - 10/3 型转换开关

自行切断电源，以保护电路内的电气设备。它也可用于不频繁启动的小容量电动机电路的接通与切断。常用低压断路器外形见图 3 - 17。

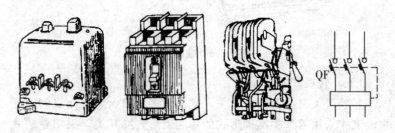

DZ25 系列塑壳式　DZ10 系列塑壳式　DW10 系列万能式

(a) 外形　　　　　　　　　　　　　　(b) 符号

图 3 - 17　断路器

（七）按钮开关

按钮开关是一种短时接通或断开小电流电路的手动控制电器，主要用途是在控制电路中发出指令，以远距离控制电磁启动器、接触器、继电器等电器线圈电流的接通或断开，再由上述低压电器控制主电路。因为按钮开关触头的工作电流较小，一般不超过5 A，因此不能直接控制主回路的通断。按钮开关的结构和在电路中的符号见图3-18。它的工作原理是：按下按钮时，常开触点变为闭合、常闭触点变为断开；松开按钮时，常开触点恢复为断开、常闭触点恢复为闭合。

结构及外形　符号　　　结构及外形　符号　　　结构及外形　符号
（a）常闭按钮　　　　（b）常开按钮　　　　（c）复合按钮

图3-18　按钮开关的结构及符号

（八）接触器

接触器是一种利用电磁、液压和气动原理，通过控制回路的通断，来控制主电路通断的控制电器。其中利用电磁原理的接触器在低压配电系统中应用十分广泛，主要用来控制交直流电动机、电焊机、电热装置、照明回路、电容器组等。常用交流接触器外形、结构和在电路中的符号如图3-19所示。它的工作原理是：线圈通电时，常开触点变为闭合、常闭触点变为断开；线圈断电时，常开触点恢复为断开、常闭触点恢复为闭合。

（九）热继电器

热继电器是一种依靠发热元件在通过电流时所产生的热量而动作的自动控制电器。它结构简单、体积小、价格低、保护特性好，常与接触器配合使用，主要用于电动机的过载、断相及其他电气设备发热状态的控制，有些型号的热继电器还具有断相及电流不平衡的保护。常用热继电器外形、结构和在电路中的符号如图3-20所示。它的工作原理是：正常情况下，金属片和触头都保持平常状态，当负载电流超过其整定电流的1.2倍时，常开触点变为闭合、常闭触点变为断开；按下复位按钮时，常开触点恢

139

复为断开、常闭触点恢复为闭合。

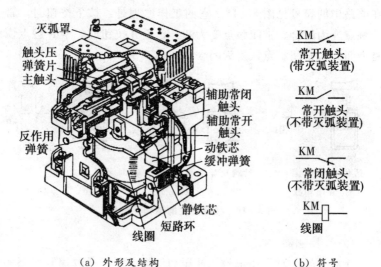

(a) 外形及结构　　　　　　(b) 符号

图 3-19　交流接触器的外形、结构和接触器的符号

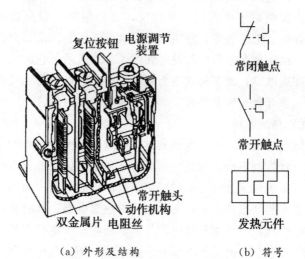

(a) 外形及结构　　　　　　(b) 符号

图 3-20　JR16 热继电器的外形、结构和热继电器的符号

（十）时间继电器

时间继电器是利用电磁或机械动作原理,输入信号经过一定的延时后,执行部分才动作的继电器。时间继电器被广泛应用于电动机的启动控制和各种自动控制系统中。常用时间继电器外形、结构和在电路中的符号如图3-21所示。

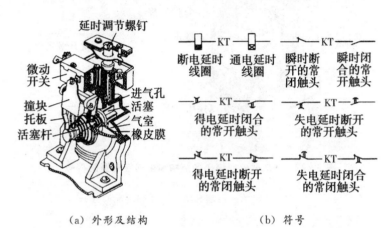

(a) 外形及结构　　　　　(b) 符号

图3-21　JS7-A系列空气阻尼式时间继电器结构和时间继电器的符号

(十一) 中间继电器

中间继电器实质上是电压继电器,它是一种通过控制电磁线圈的通断,将输入信号放大或同时将信号传给多个控制元件的继电器。它的工作原理与接触器基本相同,所不同的是这种继电器的触头较多,没有主触头、辅助触头之分,各对触头所允许通过的电流大小相等,额定电流一般为5 A。常用的有JZ7、J214、J217等系列。由于中间继电器的触头数量多、容量大,因此当其他继电器的触头对数或容量不足时,中间继电器起到增加控制回路数目或放大信号等作用。常用中间继电器外形、结构和在电路中的符号如图3-22所示。

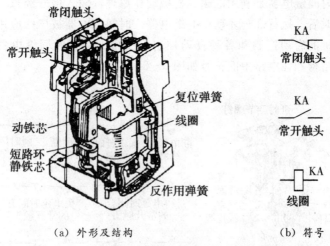

(a) 外形及结构　　　　　(b) 符号

图 3-22　JZ7 型中间继电器结构和中间继电器的符号

农村青年职业技能学习丛书

NONGCUN QINGNIAN ZHIYE
JINENG XUEXI CONGSHU

# 新编
# 电工基础实用技术

（下）

主　编：叶　克
副主编：易运池　高振亮
参　编：李剑宇　戴华兵　闫爱军

湖南科学技术出版社

图书在版编目(CIP)数据

新编电工基础实用技术/叶克主编. ——长沙：
湖南科学技术出版社,2010.10
（农村青年职业技能学习丛书）
ISBN 978-7-5357-6447-8

Ⅰ.①新… Ⅱ.①叶… Ⅲ.①电工技术-青年读物
Ⅳ.①TM-49

中国版本图书馆CIP数据核字(2010)第190572号

农村青年职业技能学习丛书
### 新编电工基础实用技术（下）

主　编：叶　克
责任编辑：龚绍石　杨　林
出版发行：湖南科学技术出版社
社　　址：长沙市湘雅路276号
　　　　　http://www.hnstp.com
邮购联系：本社直销科　0731-84375808
印　　刷：唐山新苑印务有限公司
　　　　　（印装质量问题请直接与本厂联系）
厂　　址：河北省玉田县亮甲店镇杨五侯庄村东102国道北侧
邮　　编：064101
出版日期：2017年10月第1版第2次
开　　本：850mm×1168mm　1/32
印　　张：5
书　　号：ISBN 978-7-5357-6447-8
定　　价：39.00元(共两册)

（版权所有·翻印必究）

# 前　言

建设社会主义新农村是农业生产发展的需要。我国土地资源稀缺,人均可耕地面积仅占世界平均水平的2/5,同时人口众多,而且还将继续增加,人地关系将长期处于紧张状态。在这种形势下,提高农业生产效率,保障国家粮食安全,满足全体人民食物需求,将主要依靠农业科技进步。

高素质的农民接受新技术的能力强,对新技术的反应敏捷,是加快技术扩散速度和范围,对农业的贡献更大提高的重要关键。另外,高素质农民将形成对农业新技术要素的持续旺盛需求,刺激和推进农业新技术的研究和发明,扩大供给,从而保证农业生产的长期持续发展。

事实上,我国新农村建设还面临着农业产业结构调整和农村产业结构(发展第二、第三产业)调整的艰巨任务,产业结构调整意味着就业结构和职业结构的改变,这种改变对劳动力的技术水平要求更高。唯有较高素质的农民才能学习新技术掌握新技能,也才能根据市场变化适时主动地调整产业产品结构。

青年农民是农业生产力中最活跃、最具创造力的因素,而对农民进行培训,最主要的途径是:(1)学校正规教育;(2)职业技能培训。有计划地对即将变为城市人口的农民进行培训,为农民身份的改变创造就业机会,增加技能储备,这是我们策划、构思、编写本套《农村青年职业技能学习丛书》的初衷。

本套丛书的编写宗旨是围绕国家"阳光工程"的实施目标,在于提高农村劳动力素质和就业技能,促进农村劳动力向非农产业和城镇转移，实现稳定就业和增加农民收入，推动城乡经济社会协调发展；围绕提高我国广大农村青年进城务工必须掌握就业的基本知识和技能的时代要求，帮助他们通过自学掌握从农民向技术工人转变所必需的知识和技术，适应社会多领域的就业需求，获得职业入门指导。

**本书编委会**

# 目 录

## 第四章 室外低压配电线路及其设计 ················ 1
### 第一节 低压配电线路 ···························· 1
### 第二节 电缆线路 ······························ 21
### 第三节 地埋电力线路 ·························· 28
### 第四节 接户线和进户线 ························ 29

## 第五章 室内配电线路及其设计 ···················· 36
### 第一节 室内配电箱 ···························· 36
### 第二节 插座及开关的选择与安装 ················ 38
### 第三节 室内布线 ······························ 50
### 第四节 导线连接与封端 ························ 60
### 第五节 室内照明线路及其设计 ·················· 64

## 第六章 常用动力设备及控制电路 ·················· 93
### 第一节 交流电动机 ···························· 93
### 第二节 常用机床电机及控制电路 ················ 113
### 第三节 其他常用电机及控制电路 ················ 116

## 第七章 安全用电基本常识 ························ 143
### 第一节 电流对人体的伤害 ······················ 143
### 第二节 触电后的安全急救 ······················ 147
### 第三节 触电事故产生的原因及规律 ·············· 151
### 第四节 安全用电措施 ·························· 152

1

# 第四章 室外低压配电线路及其设计

低压配电线路一般是指线电压为 380 V、相电压为 220 V 的线路。这种电路适用于输送电能到比较近的地方，作为动力和照明电源。配电线路多以配电变压器为中心，采用向四周引出线路的方式，即采用放射型供电的方式。供动力专用线路多采用 380 V 三相三线制供电方式；供动力与照明合用的线路，通常采用 380/220 V 三相四线制供电方式。

## 第一节 低压配电线路

### 一、路径选择

电压配电线路路径选择的目的，就是要在线路起止点间选出一个全面符合国家建设的各项方针政策的线路路径。正确的选择线路路径，是保证线路运行安全可靠、经济合理、施工和维护方便的重要条件。因此，在选定线路路径时，必须对沿线情况做深入细致的调查研究，充分分析资料，并应正确处理各因素的关系，经综合比较，选出一条技术经济合理、方便施工运行的线路路径。

（一）选线原则

电压配电线路选线时应遵守下列原则：

（1）认真贯彻国家建设的方针政策，在选线中要对运行安全、经济合理、施工方便等因素进行全面考虑，综合比较。

（2）路径应尽量靠近铁路、公路、水路等交通方便的地带建设，便于施工、维护检修和管理。

（3）电力线路与弱电线路原则上应设于铁路公路的不同侧。自动闭塞线路和电力贯通线路，为了日常维护和检修，在满足与铁路、弱电线路交叉或接近距离的条件下，应尽量靠近铁路架设。

（4）尽量避免跨越房屋或拆迁房屋；应尽量少占农田；避开农村固定场院（稻谷脱粒场所）。

（5）电力贯通线路和自动闭塞线路，选择铁路站场和区间路径时，除要充分了解现有情况外，还必须考虑近远期的技术改造和发展，如：车站股道延长和增加及站场的改建等、区间增设第二线或第三线、区段电气化、其他线路的新建和改建、铁路线路的改线、落坡、路基和道口的抬高等。

（6）尽量避免通过果园、公园、绿化区等，当必须穿越时，应尽量选择在最窄处通过，以减少砍伐树木。

（7）路径应满足地上、地下各种设施（如电台、雷达站、油缸、打靶场、导航台、地震台、危险品仓库和对线路有腐蚀的工矿企业等）安全距离的要求。

（8）线路要尽量做到路径最短、减少交叉，有条件时要使线路平直，减少转角。在开阔地带，不应出现不必要的转角，避免出现小角度转角。

（二）架空线路应尽量躲开的处所

架空线路应尽量躲开下列处所：

（1）不良地质地带。

（2）可能塌陷的矿区。

（3）山区的陡坡、悬崖、峭壁、滑坡、泥石流、崩塌区、不稳定岩石堆、雨水容易冲刷等处所。

（4）尽量避开风口、强风地带和气候条件恶劣、频繁出现雷害的地区。

（5）可能发生冲刷的河堤、河床和洪水淹没的地方。

（6）应尽量避开沼泽地、水草地、芦苇塘以及大量积水或易积水及严重的盐碱地带。

（7）易受腐蚀污染的地带。

(8) 避免在覆冰严重地段通过,并应特别注意地形对覆冰的影响,同时避免靠近湖泊。

(9) 有贮存或制造易燃、爆炸等危险品的处所。

(10) 对地下电缆线路、水管、暗沟、气管等有妨碍的地方。

(11) 妨碍瞭望信号标志的地点。

(12) 容易被车辆碰撞的处所。

某些处所不能避开时,要采取有效的防护措施。

(三) 交叉跨越的要求

在各种情况下进行交叉跨越时要满足下列要求:

(1) 线路与弱电线路、铁路等交叉跨越时,首先应满足交叉角的要求,而且不得在弱电线杆顶或配电变压器台上方跨越,便于被跨越物的检修。

(2) 线路与河流交叉跨越时,应在河道最窄、跨越挡距最小、河道顺直、河岸稳固且不受洪水淹没冲刷的地方和地质较好的地方跨越。

(3) 线路不得在码头船舶停靠的地方跨越河流。

(4) 跨河点应避开支流入口处、河道转弯处和主流经常变迁的地方。

(5) 跨越河流时,线路路径应尽量靠近摆渡和公路桥梁,以便施工、运行检修,但线路不得在其上方跨越。

(6) 尽量与河流垂直交叉跨越,以缩短跨越距,降低造价。

(7) 线路不得在铁路进出站的信号装置及车站界范围以内跨越铁路,否则应取得有关部门同意。铁路系统内的供、配电线路不在此限。

## 二、低压配电线路的结构

低压配电线路多采用架空线路形式。低压架空配电线路的结构如图 4-1 所示,主要由电杆、导线、避雷线(或称架空地线,简称地线)、横担、绝缘子(或称瓷瓶)、金具和拉线等组成。

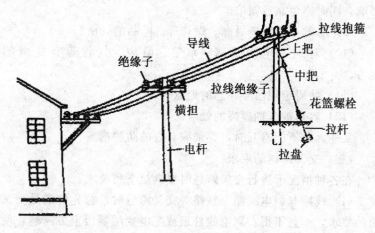

图 4-1 低压架空线路的结构

(一)导线

低压架空导线,一般采用铝绞线。对于负载较大、机械强度要求较高的线路,则应采用钢芯铝绞线。

1. 架空导线的限距

为保证架空线路的安全运行,架空导线在不同地区通过时,导线对地面、水面、道路、建筑物以及其他设施应保持一定的距离,其数值参见表 4-1。

表 4-1　　　架空线对地和跨越物的最小距离

| 线路经过地区或跨越项目 | | 最小距离 (m) | |
|---|---|---|---|
| | | 1 kV 以下 | 1~10 kV |
| 地面 | 市区、厂区、城镇 | 6.0 | 6.5 |
| | 乡、村、集镇 | 5.0 | 5.5 |
| | 自然村、田野、交通困难地区 | 4.0 | 4.5 |

续表1

| 线路经过地区或跨越项目 | | 最小距离（m） | |
|---|---|---|---|
| | | 1 kV以下 | 1~10 kV |
| 道路 | 公路、小铁路、拖拉机跑道 | 6.0 | 7.0 |
| | 公用道路到铁路轨顶 | 7.5 | 7.5 |
| | 非公用道路到铁路轨顶 | 6.0 | 6.0 |
| | 电车道至路面 | 9.0 | |
| | 电车道到承力索或接触线 | 3.0 | |
| 通航河流 | 常年洪水位 | 6.0 | 6.0 |
| | 航船桅杆 | 1.0 | 1.5 |
| 不能通航的河或湖 | 冬季至冰面 | 5.0 | 5.0 |
| | 至最高水位 | 3.0 | 3.0 |
| 管索道 | 在管道上面通过 | 1.5 | 3.0 |
| | 在管道下面通过 | 1.5 | 3.0 |
| | 在索道上、下面通过 | 1.5 | 3.0 |
| 房屋建筑 | 垂直 | 2.5 | 3.0 |
| | 水平、最凸出部分 | 1.0 | 1.5 |
| 树木 | 垂直 | 1.0 | 1.5 |
| | 水平 | 1.0 | 2.0 |
| 通信广播线 | 交叉跨越（电力线必须在上方） | 2.0 | 2.0 |
| | 水平接近通信线 | 倒杆距离 | 倒杆距离 |

续表 2

| 线路经过地区或跨越项目 | | | 最小距离 (m) | |
|---|---|---|---|---|
| | | | 1 kV 以下 | 1~10 kV |
| 电力线 | 垂直交叉 | 0.5 kV 以下 | 10 | 2.0 |
| | 垂直交叉 | 6~10 kV | 20 | 2.0 |
| | 垂直交叉 | 3~110 kV | 30 | 3.0 |
| | 垂直交叉 | 154~220 kV | 40 | |
| | 水平接近 | 0.5 kV 以下 | 25 | 2.5 |
| | 水平接近 | 6~10 kV | 25 | 2.5 |
| | 水平接近 | 35~110 kV | 50 | 5.0 |
| | 水平接近 | 15~220 kV | 70 | |

2. 架空导线的挡距

两相邻电杆之间的距离称为挡距，挡距的大小与架空线路的安全运行及造价的高低密切相关。挡距应根据所用导线规格和具体环境条件等因素来确定。380/220 V 低压架空线路常用的挡距范围可参考表 4-2。

表 4-2　　　　380/220 V 低压架空线路常用的挡距

| 导线水平间距 (mm) | 300 | | | 400 | |
|---|---|---|---|---|---|
| 挡距 (m) | 25 | 30 | 40 | 50 | 60 |
| 适用范围 | 城镇闹区街道，城镇、农村居民点，乡镇企业内部 | | | 城镇非闹区 城镇工厂区 居民点外围 | 城镇工厂区 居民点外围 田间 |

3. 架空线的弧垂

在两根电杆之间，导线悬挂点与导线最低点之间的垂直距离称为导线的弧垂（又称弛度），导线弧垂的大小与电杆的挡距长度、导线重量、架线松紧以及气温、风、冰雪等自然条件有关。导线截面积确定以后，挡距越大，弧垂越大，导线所受的拉力也越大，若超过其机械强度时，就会被拉断。

导线最大弧垂发生在夏天气温高或冬天导线覆冰的时候，所以对导线的弧垂必须有一定的限制，以防拉断导线或造成倒杆事故。同一挡距内，导线的材料和弧垂必须相同，以防被风吹动时发生线间短路，烧伤或烧断导线。

铝绞线和钢芯铝绞线在最大风速为 25 m/s 时，在不同挡距和温度条件下的弧垂，见表 4-3。

表 4-3　　　　铝绞线的弧垂（最大风速 25 m/s）　　　　（m）

| 温度<br>挡距 | -40℃ | -30℃ | -20℃ | -10℃ | 0℃ | 10℃ | 20℃ | 30℃ | 40℃ |
|---|---|---|---|---|---|---|---|---|---|
| 40 m | 0.10 | 0.12 | 0.18 | 0.24 | 0.35 | 0.46 | 0.59 | 0.69 | 0.76 |
| 50 m | 0.12 | 0.17 | 0.23 | 0.32 | 0.42 | 0.58 | 0.71 | 0.84 | 0.93 |
| 60 m | 0.18 | 0.24 | 0.33 | 0.44 | 0.57 | 0.74 | 0.9 | 1.04 | 1.18 |
| 70 m | 0.28 | 0.37 | 0.49 | 0.63 | 0.80 | 0.98 | 1.16 | 1.25 | 1.35 |
| 80 m | 0.47 | 0.60 | 0.76 | 0.94 | 1.14 | 1.32 | 1.50 | 1.64 | 1.81 |

4. 导线的连接

导线在放线结束后，如接头在跳线处（耐张杆两侧导线间连接），可用线夹连接；接头在其他位置则采用压接法连接。送电线路导线连接方式有 3 种：钳压连接、液压连接、爆压连接。钳压连接适用铝绞线 LJ10—185 mm$^2$，钢芯铝绞线 LGJ10—240 mm$^2$。液压连接和外爆压连接适用于镀锌钢绞线和 LGJ240 mm$^2$ 以上钢芯铝绞线。配电线路一般都在 240 mm$^2$ 以下，多采用钳压法。

（二）杆塔

根据杆塔所用的材料不同，可分为木杆、金属杆（铁杆、铁塔）和钢筋混凝土杆（或称水泥杆）3种。

架空线路上的杆塔，由于受力情况不同，它们的结构形式也有所不同。按其在线路上的用途不同，分为直线杆塔（又称中间杆塔）、耐张杆塔、转角杆塔、终端杆塔、跨越杆塔、设备杆塔（配电线路用）、分支杆塔和换位杆塔等数种。

由于国家基本建设需用大量木材，因此应尽量不用木杆。金属杆需要的钢材量很大，也应少用。目前在架空线路上广泛采用钢筋混凝土电杆，下面分别叙述3种电杆的优缺点和各种杆塔的用途。

1. 木杆

木杆的主要优点是重量轻，制造安装比较方便，价格便宜。由于绝缘性能好，因此木杆还能增加线路的绝缘。

木杆的缺点是容易腐朽，因此使用年限短，一般为5～8年，所以增加了线路的维修工作量，并在阴雨天会产生较大的泄漏电流，受雷击时还会引起燃烧或被劈裂。目前为了节省木材资源，我国已基本上不采用木杆。

2. 金属杆（铁杆、铁塔）

金属杆一般采用各类型钢等材料靠焊接或螺栓连接（个别有铆接的）而成，其形状和种类较多，结构也比较复杂。它的优点是坚固、可靠，使用期限长，同时也便于运输（因为可以将杆塔拆卸成零件，运到需要的地方再进行组装）。缺点是钢材消耗量大，造价高，制造工艺和施工安装比较复杂，易锈蚀，运行维护工作量也比较大。因此，金属杆（铁塔）多用于交通困难和地形复杂的地段，或特大荷载的终端及耐张、大转角、大跨越等特殊杆塔。

3. 钢筋混凝土杆（或称水泥杆）

钢筋混凝土杆多用离心法绕制而成，有等径杆和拔梢杆两种。按制造工艺的不同，又分为普通钢筋混凝土电杆和预应力钢筋混凝土电杆，是我国目前最广泛使用的一种杆塔。

4. 直线杆塔（又称中间杆塔）

直线杆塔位于架空线路的直线段上。在线路正常运行情况下，直线杆塔不只承受导线、避雷线、绝缘子和金具以及覆冰的垂直荷重，还承受风吹导线和避雷线的水平荷重，而不承受顺线路方向的导线和避雷线的张力（两侧导线和避雷线的张力基本相等）。只有在断线时才承受两边的不平衡张力。因此，直线杆塔在强度上较承力杆塔要求低些，造价也比较低廉。架空线路中的杆塔，大多数为直线杆塔（图4-2），一般在平原地区约占杆塔总数的80％左右。

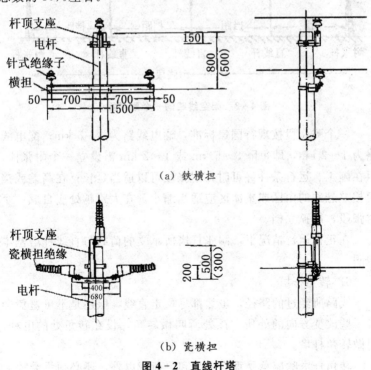

(a) 铁横担

(b) 瓷横担

图4-2 直线杆塔

5. 耐张杆塔（又称承力杆塔）

耐张杆塔一般指直线耐张杆塔和小于5°的转角杆塔。线路在运行中可能发生断线或直线杆的倒杆事故，而使杆塔承受不平衡张力。为了防止故障的扩大，必须在每隔数基（根）直线杆塔，就加一基能承受两侧导线、避雷线的不平衡张力或承受一侧的断线张力，这种电杆叫做耐张杆塔。设置耐张杆塔是为了将线路分段，把故障段限制在两个耐张杆塔之间，控制事故范围，便于施工、检修。因此，它的强度要求较高，结构也比较复杂。两个耐张杆塔之间的一段，叫做耐张段，如图4-3所示。

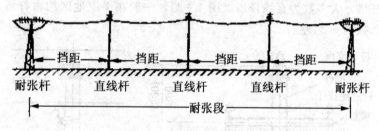

图4-3 架空线路的一个耐张段

一个耐张段按现行国家标准，输电线路为3～5 km；配电线路为1～2 km，即每隔3～5 km或1～2 km需设立一个耐张段。但在施工、运行条件许可时，耐张段可以适当延长；在高差或挡距相差悬殊的山区或重冰区应适当缩小。在大跨越处应自成一个耐张段，即孤立档。

在正常运行情况下，耐张杆塔所承受的荷载与直线杆塔基本相同。

6. 转角杆塔

线路所经过的路径，虽然都尽量走直线，但还是不可避免会有一些改变方向的处所，该处所叫做转角，设在转角处的电杆，叫做转角杆塔。

转角杆塔除应承受垂直重量和风荷载以外，还必须承受较大的角度合力。转角杆塔根据转角度的大小，可以是耐张型的，也可以是直线型的。如果采用直线型转角杆塔时，就要在拉力不平衡的反方向上装设拉线，以平衡这种不平衡的张力，如图4-4所示。

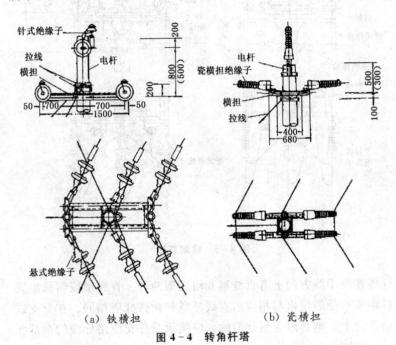

(a) 铁横担　　　　　　　(b) 瓷横担

图4-4　转角杆塔

7．终端杆塔

位于线路的首、末端，即变电站的进出线或发电厂出线的第一基杆塔，叫做终端杆塔。由于终端杆塔上只按一侧有导线计算杆塔受力（线路引入屋内或由屋内引出时，只有很短一段距离，按引户线考虑），所以在正常运行情况下，只承受线路侧全部导、地线的张力，如图4-5所示。

8．分支杆塔

设在分支线路与干线相连地方的杆塔，叫做分支杆塔。分支

11

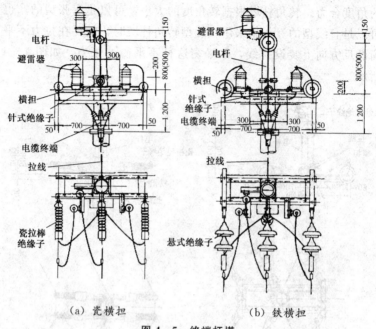

(a) 瓷横担　　　(b) 铁横担

图 4-5　终端杆塔

杆塔在顺干线方向上有直线型和耐张型两种。直线型或耐张型支杆塔所承受的荷重与相应的直线杆塔和耐张杆塔相同。在分支线路方向上，则必须为耐张型的，应能承受分支线路导线的全部张力，如图 4-6 所示。

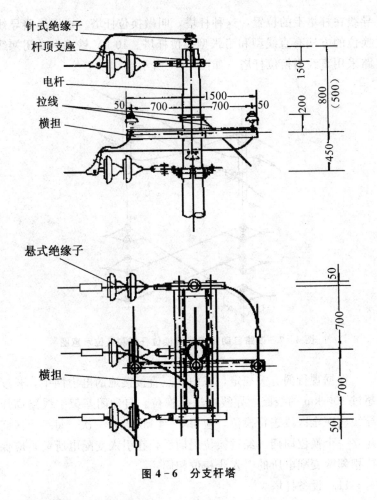

图 4-6 分支杆塔

9. 跨越杆塔

跨越杆塔位于线路与河流、山谷、公路、铁路等交叉跨越的地方。跨越杆塔也分直线型和耐张型两种，当跨越挡距很大时，就得采用特殊设计的耐张型跨越杆塔。

10. 换位杆塔

换位杆塔是用来进行三相导线轮流换位的，即轮流改换三相

13

导线在杆塔上的位置，这种杆塔，叫做换位杆塔。输电线路导线换位的方法有直线型和耐张型换位杆塔。10 kV 铁路自动闭塞线路采用直线型换位杆塔，如图 4-7 所示。

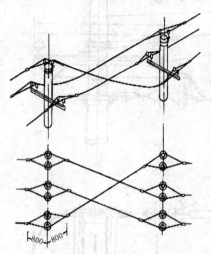

图 4-7 铁路自动闭塞线路换位杆塔和换位示意图

根据现行的有关规定，在中性点直接接地的电力网中，长度超过 100 km 的线路，导线应进行换位。自动闭塞架空线路高压导线应在全区段进行换位，应每 3~4 km 换位一次，每一个区间建立一个换位周期。经过换位周期后，在引入变配电所前，应保持相邻两变配电所的引入线相位相同。

11. 设备杆塔

在电杆上安装电气设备（如跌落式熔断器、避雷器、负荷开关等）的杆塔，叫做设备杆塔。根据杆塔安装位置，确定其承受荷重的类别和大小。

注意：只有直线杆塔不承受导线张力；其余杆塔均承受导线张力，因此这些杆塔又统称为承力杆塔。

（三）横担

横担是绝缘子的安装架,也是保持导线间距的排列架。低压架空线路常用的横担有角钢横担和木横担两种,其外形如图4-8所示。

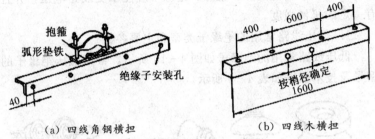

(a) 四线角钢横担　　　　(b) 四线木横担

**图 4-8　角钢横担和木横担**

角钢横担的固定方法,如图4-9所示。

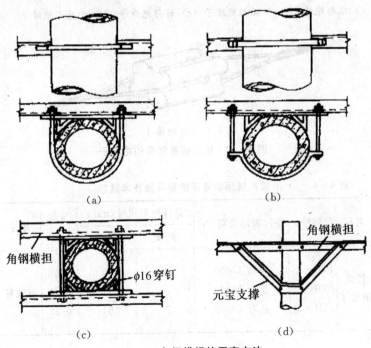

**图 4-9　角钢横担的固定方法**

（四）绝缘子

绝缘子又称瓷瓶，其作用是使导线与导线之间或导线与横担、电杆、大地之间加以绝缘。绝缘子应能承受线路电压，并且有一定的机械强度。

1. 低压线路常用的绝缘子类型和主要参数

低压线路常用的绝缘子如图 4-10 所示，常用低压绝缘子的型号及技术数据如表 4-4 所示。

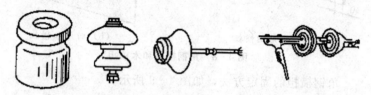

（a）鼓形绝缘子　（b）蝶形绝缘子　（c）针形绝缘子　　（d）悬式绝缘子

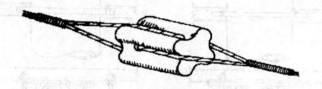

（e）拉线绝缘子

图 4-10　低压线路常用的绝缘子

表 4-4　　　常用低压绝缘子的型号及技术数据

| 名称 | 型号 | 瓷件破坏负荷(N) | 瓷件外形尺寸(mm) | | 重量(kg) | 用途 |
|---|---|---|---|---|---|---|
| | | | 高度 | 外径 | | |
| 针式绝缘子 | PD1—1 | 抗弯 10000 | 110 | 88 | 0.65 | 直线杆 |
| | PD1—2 | 抗弯 80000 | 90 | 71 | 0.42 | |
| | PD1—3 | 抗弯 30000 | 71 | 54 | 0.27 | |

续表

| 名称 | 型号 | 瓷件破坏负荷(N) | 瓷件外形尺寸(mm) | | 重量(kg) | 用途 |
|---|---|---|---|---|---|---|
| | | | 高度 | 外径 | | |
| 蝶形绝缘子 | ED—1 | 抗拉18000 | 100 | 120 | 1.0 | 耐张杆、转角杆、终端杆 |
| | ED—2 | 抗拉15000 | 80 | 90 | 0.50 | |
| | ED—3 | 抗拉10000 | 65 | 75 | 0.25 | |
| 拉线绝缘子 | J—2 | 抗拉20000 | 72 | 43 | 0.2 | 拉线绝缘 |
| | J—4.5 | 抗拉45000 | 90 | 58 | 1.1 | |
| | J—9 | 抗拉90000 | 172 | 89 | 2.0 | |

2. 绝缘子的固定

在木结构墙上固定绝缘子时，应选用鼓形绝缘子，用螺钉直接拧入。在砖墙或混凝土墙上固定绝缘子时，可采用预埋木块或膨胀螺钉的方式，也可采用预埋支架的方式。

3. 导线在绝缘子上绑扎

绑扎导线时，应校直导线后将导线一端绑扎在绝缘子的颈部，然后从导线另一端收紧绑扎固定，最后把中间导线绑扎固定在绝缘子上。图4-11为几种常用的绑扎方法。

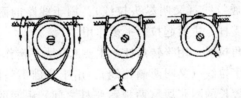

(a) 直段导线的单绑法

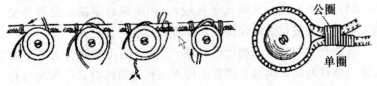

(b) 直段导线的双绑法　　　　(c) 终端导线的绑扎

图4-11　几种常用的导线在绝缘子上的绑扎方法

4. 导线在绝缘子上绑扎时的注意事项

（1）铜线用铜绑线，铝线用铝绑线，单股绝缘线另外还可用专用绑线，即铁线外包一层涂以沥青的玻璃丝的绑线。

（2）在建筑物的侧面或斜面配线时，必须将导线绑扎在绝缘子的上方。

（3）导线在同一平面内如有曲折时，绝缘子必须装设在导线曲折角的内侧。

（4）导线在不同的平面上曲折时，在凸角的两面上应装设两个绝缘子。

（5）导线分支时，必须在分支点处设置绝缘子，用以支撑导线；导线互相交叉时，应在距建筑物近的导线上套瓷管保护。

（五）拉线

1. 拉线的种类

架空线路的电杆在架线以后，会发生受力不平衡现象，因此必须用拉线稳固电杆。此外，当电杆的埋设基础不牢固时，也常使用拉线来补偿，当负荷超过电杆的安全强度时，也常用拉线来减少其弯曲力矩。拉线按用途和结构可分为以下几种：

（1）普通拉线（又叫尽头拉线）：用于线路的耐张终端杆、转角杆、分支杆，主要起拉力平衡作用。

（2）转角拉线：用于转角杆，主要起拉力平衡作用。

（3）人字拉线（又叫两侧拉线）：用于基础不坚固和交叉跨越加高杆或较长的耐张段（两根耐张杆之间）中间的直线杆上，主要作用是在狂风暴雨时保持电杆平衡，以免倒杆、断杆。

（4）高桩拉线（又叫水平拉线）：用于跨越道路、渠道和交通要道处，高桩拉线应保持一定高度，以免妨碍交通。

（5）自身拉线（又叫弓形拉线）：为了防止电杆受力不平衡或防止电杆弯曲，因地形限制不能安装普通拉线时，可采用自身拉线。

上述几种拉线的种类如图4-12所示。

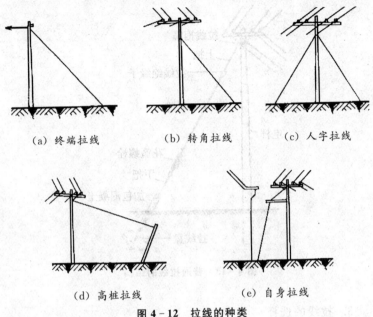

图 4-12 拉线的种类

## 2. 拉线的结构

普通拉线的结构如图 4-13 所示。拉线分为上把、中把、下把(又称底把)三部分。上把与电杆上的拉线抱箍相连或直接固定在电杆上。中把起连接上把和底把的作用,并通过拉线绝缘子与上把加以绝缘,通过花篮螺栓可以调整拉线的拉紧力。拉线绝缘子离地面的高度不应小于 2.5 m,以免在地面活动的人触及上把。底把的下端固定在拉线盘(又称地锚)上,上端露出地面 0.5 m 左右。拉线盘一般用混凝土或石块制成,尺寸规格不宜小于 100 mm×300 mm×800 mm,埋深为 1.5 m 左右。

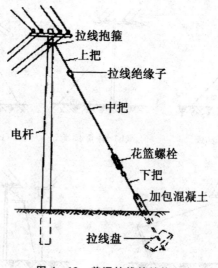

图 4-13 普通拉线的结构

3. 拉线的选择

拉线一般由镀锌铁丝绞合而成。在地面以上部分的拉线,其最小截面积不应小于 25 $mm^2$;在地下部分的拉线,其最小截面积不应小于 35 $mm^2$。如用镀锌圆钢做地锚柄时,圆钢直径不应小于 12 mm。

(六) 金具

架空电力线路上所使用的金属部件,通称为金具。它的种类很多,下面仅介绍几种最常使用的金具。

1. 金具的种类

金具的种类很多,下面是几种最常使用的金具:

(1) 针式绝缘子的直脚和弯脚。

(2) 蝶式绝缘子的穿心螺钉。

(3) 横担固定在电杆上用的 U 形抱箍。

(4) 调节拉线松紧的花篮螺栓、拉线心形环。

(5) 线路用的其他螺栓、垫铁、支撑、线夹、夹板、钳接等。

2. 金具的选用

(1) 金具的选用应与其他部件配套。

(2) 表面应光滑。

(3) 悬垂线夹以回转轴为中心，能自由转动45°以上。

(4) 镀锌层应完整无损，如有剥落时，应先除锈，然后补刷防锈漆及油漆。

## 第二节 电缆线路

电缆线路同架空线路一样也都是电力传输通道，电缆线路的优点是：占地少、不占地上空间、不受地面建筑物影响；地下隐蔽敷设人们不易触及、安全性好；供电可靠性高，风雪、雷电、鸟害对电缆的危害小；可跨越河流，可水下敷设。缺点是：成本高，投资大；敷设后不方便改动，分支麻烦；故障检测复杂。

### 一、电缆的选用

(1) 电缆的额定电压是否大于或等于电力系统的额定电压。

(2) 对于电缆的埋设方式，直埋的要选用铠装电缆，沟埋的可选用无铠装电缆。

(3) 电缆敷设的环境条件，一般选用塑料绝缘电缆。

### 二、电缆的安装

(一) 电缆安装的一般规定

(1) 按设计进行施工，认真检查电缆的电压等级、型号、试验记录、合格证明等。

(2) 电缆敷设前应做绝缘试验，包括测量绝缘电阻，直流耐压试验及泄漏电流测量。

(3) 确定电缆最小弯曲半径。

(二) 电缆与室外设施平行做法

电缆与室外设施平行做法如图 4-14 所示。

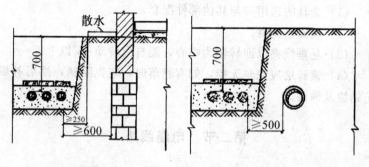

(a) 电缆与建筑物平行　　(b) 电缆与水管平行

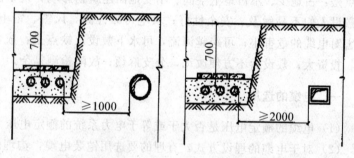

(c) 电缆与石油、煤气管平行　(d) 电缆与热力沟（管）平行

图 4-14　电缆与室外设施平行做法图

(三) 电缆与室外地下设施交叉做法

电缆与室外地下设施交叉做法如图 4-15 所示。

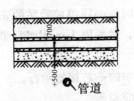
(a) 电缆与管道交叉做法图（一）

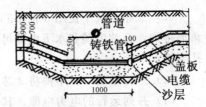
(b) 电缆与管道交叉做法图（二）

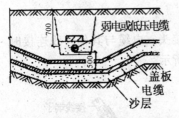
(c) 电缆与电缆交叉做法图（一）

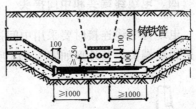
(d) 电缆与电缆交叉做法图（二）

(e) 电缆与热力沟交叉做法图（一）

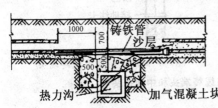
(f) 电缆与热力沟交叉做法图（二）

注：①图中管道系指上下水及石油、煤气等非热管道保护管内径不小于电缆外径的1.5倍
②电缆沟底须铲平夯实
③电缆周围应用不小于100 mm厚的细沙或筛过的细土保护

图4-15　电缆与室外地下设施交叉做法图

## 三、电力电缆连接方式

（1）三相四线制系统中使用的电缆，不应采用3芯电缆另加一根单芯电缆或导线，以电缆金属护套作中性线的方式。

(2) 三相系统中使用 3 根单芯电缆时,必须组成紧贴的正三角形排列,充油电缆和水下电缆可除外,并每隔 1 m 用绑扎带绑扎牢固。

(3) 三相系统中,不得将 3 芯电缆中的一芯接地运行。

(4) 并列运行的电力电缆,其长度应相等。

### 四、电缆终端头和中间接头

电缆与电缆连接时要采用中间接头,电缆与其他导线连接时需采用终端头,其外形如图 4-16 所示。

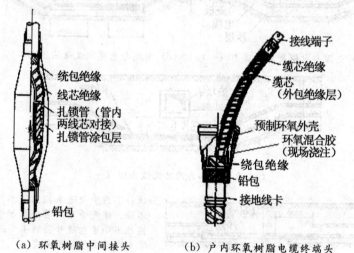

(a) 环氧树脂中间接头　　(b) 户内环氧树脂电缆终端头

图 4-16　电缆终端头和中间接头

### (一) 中间接头

电缆和电缆连接时必须采用专用接头盒。常用的电缆中间接头盒有用于纸绝缘电缆的铅套管型、LB 型和用于交联电缆的绕包型、热收缩型、预制型及冷收缩型等,根据所用材料接头盒有铸铁的、铝的、铜的、塑料的和环氧树脂的等,现推广使用的为环氧树脂接头盒。

用于 1 kV 及以下塑料电缆的环氧树脂中间接头盒的安装方法如下：

(1) 确定接头的中心位置：确定接头中心位置时，使两电缆重叠约 2 mm，电缆两端留有适当的直线部分，一端能套入护套管，锯掉多余部分。其尺寸如图 4-17 所示。

(2) 剖削电缆端头：按图 4-17 所示的尺寸剖削电缆的外护套、钢铠、内护套及填料。锯钢铠时要用钢丝将钢铠绑住后再锯，以免锯散。

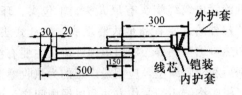

图 4-17 塑料电缆中间接头剖削尺寸

(3) 剖去线芯绝缘层：分开线芯，并在根部用三角木模撑住，然后按联结管长度的 1/2 加上 5 mm 的长度，剖去每根线芯的绝缘层。

(4) 套上护套管及绝缘管：用砂纸将接头两端外护套密封部位及各线芯末端绝缘部分各打毛 100 mm，擦净电缆，套上护套管，在接头长端线芯上分别套上绝缘管。

(5) 连接线芯：将线芯对应插入联结套管后进行压接连接。

(6) 恢复绝缘层：用自粘带或填充胶将联结套管的孔隙和压坑填平，并在擦净的线芯上包一层密封胶带，然后将绝缘管移至接头中心，从中间向两端加热收缩。包缠密封胶带时可涂上环氧树脂涂料。

(7) 焊上接地线：在接头两端的钢铠上焊上截面积不小于 10 $mm^2$ 的裸铜绞线。

(8) 热缩外护套或装上环氧树脂壳模：并拢线芯后用白布带

绑紧,将外护套移到接头中间后加热收缩。若装环氧树脂壳模应使线芯居于壳模中间,并使线芯之间保持一定的距离,然后将环氧树脂不间断浇入模内,30分钟后脱去壳模,抹净接头盒表面硅油。

若为直埋电缆,还应在环氧树脂中间接头盒表面涂一层沥青。

(二)终端头

电缆终端头是电缆始端和终端的接线端头。分户内和户外两种:户内的纸绝缘电缆终端头有尼龙头、干包头、环氧树脂头、热收缩头等;户外的主要有鼎足式终端头、倒挂式头、全瓷头、环氧树脂头和热收缩型头等。塑料电缆终端头主要有绕包型、热收缩型、预制型和冷收缩型,应用最广泛的为热收缩型。

户内环氧树脂终端头的制作方法和电缆中间接头的制作方法基本相同,头端用压接方法安装接线鼻子,线芯剖削得要长一些。

下面简单介绍热收缩型户内、户外电缆终端头的制作安装方法。

(1) 按图 4-18 所示的尺寸剖削外护套、钢铠、内护套和填料,并按接线鼻子孔深加上 5 mm 的长度剖削线芯端头绝缘层。

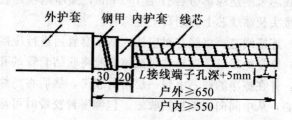

图 4-18 热收缩型终端头剖削尺寸

(2) 焊接地线:用砂布打毛钢铠,用焊锡焊上截面积不小于 10 mm$^2$ 的裸铜绞线(图 4-19)。

(3) 安装分支手套：擦净并打毛外护套约 70 mm，并缠上密封胶带，然后从上面套上分支手套并从中部开始用喷灯热缩手套。

(4) 按图 4-20 所标注的尺寸剖削铜屏蔽层和外半导电层。

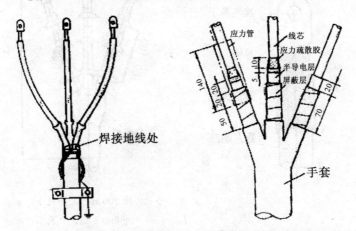

图 4-19 焊接地线　　图 4-20 铜屏蔽层、半导电层剖削尺寸

(5) 安装接线鼻子：用压接法安装接线鼻子（图 4-21）。

(6) 安装应力管：清洁绝缘层后包缠应力胶带填平半导电层断口，涂上硅脂，套上应力管（图 4-20），自下而上缓慢加热收缩。

(7) 安装绝缘管：用溶剂清洁分支手套手指部、应力管、线芯及接线鼻子，用密封胶包缠手指部和接线鼻子处，套上绝缘管，自下而上缓慢加热收缩。

(8) 标相色：将相色管套在接线鼻子下端加热收缩后按相位标明相色。

(9) 户外终端头装雨裙：先装上三孔两裙并加热收缩，保持一定距离，再套上两个单孔雨裙（图 4-22）。

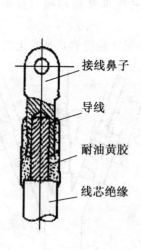
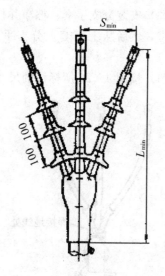

$S_{min}$ —— 户外 200 mm，户内 155 mm
$L_{min}$ —— 户外 600 mm，户内 500 mm

4-21 压接接线鼻子　　　图 4-22　热收缩型户外终端头

## 第三节　地埋电力线路

### 一、地埋线的敷设路径和选择

地埋电力线路是一种永久性的地下设施，一般不宜拆迁或更换，因此在施工前必须搞好规划。注意用电负荷分布及变压器安置中心，确定干、支路径前，要先画出路径图。地埋电力线路的导线截面，一般按规划最大负荷并留一定余量来选择。

### 二、地埋线的施工及注意事项

（1）检查地埋线的质量：地埋线放线前，应进行外表检查，绝缘护套不得有机械损伤砂眼、鼓肚、漏心、粗细不均等现象。

（2）开沟：沟深应在冻土层以下，其深度不应小于 0.8m；沟宽按放线根数而定。

（3）放线：环境温度低于 0 ℃或雨雪天，不宜敷设地埋线。放线时应将地埋线托起，严禁在地面上拖拉。谨防打卷扭折和其他机械损伤。地埋线在沟内应呈水平蛇形敷设，遇有接头、接线箱、转弯穿管处，应做 U 形伸缩弯。

（4）埋土：填土前应核对相序，做好路径接头的标志。回填土应自放线端开始，逐步向终端推移是正确的顺序，不应多处同时进行填土。电线周围应先填细土或细沙，回填 10 cm 后，可放水让其自然下沉或用人工排步踩平，禁用机械夯实。用兆欧表复测绝缘电阻，并与埋设前绝缘电阻相比，若阻值明显下降时，应查明原因并进行处理。

（5）接头处理：地埋线的接线宜采用压接，接头处的绝缘和护套的恢复，可用自捻性塑料绝缘带包扎或用热收缩管的方法。当采用缠绕包扎时，一般缠绕 5 层作为绝缘恢复，再缠 5 层作为护套。包扎长度在接头两端各延伸 100 mm。严禁用黑胶带（布）包扎接头。

## 第四节　接户线和进户线

一、接户线

（一）低压架空接户线

低压架空接户线又叫接户线、引入线和下户线，是从架空线路的电杆上引到建筑物第一支持点的一段架空导线，如图 4-23 所示。凡建筑物外墙上的角钢支架或用户自己装设的电杆，统称为第一支持点。低压架空接户线自电杆引出点至第一支持点的间距不宜大于 25 m，如接户线间距超过 25 m 时，应加装接户杆（见图 4-24）。接户杆可用钢筋混凝土杆或木杆（其直径不小于 80 mm）。

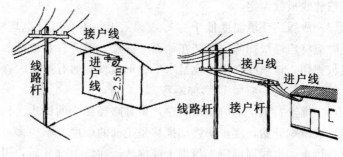

图 4-23　低压架空接户线　　图 4-24　低压接户杆

（二）引接户线的一般要求

1. 线间距离

接户线的最小线间距离不应小于表 4-5 中的数值。

表 4-5　　　　　接户线的线间最小距离

| 电压 | 架设方式 | 挡距（m） | 线间距离（mm） |
|---|---|---|---|
| 1 kV 及以下的低压 | 从电杆上引下 | 25 及以下 | |
| | 沿墙敷设 | 6 及以下 | 100 |
| | | 6 以上 | 150 |

2. 最小截面

接户线应采用绝缘导线，其截面应根据导线的允许安全电流选择，最小截面见表 4-6。

表 4-6　　　　　　　　接户线的最小截面

| 低压接户线架设方式 | 档距(m) | 最小截面（mm²） ||
|---|---|---|---|
| | | 绝缘铜线 | 绝缘铝线 |
| 自电杆引下 | 10 以下 | 2.5 | 4 |
| | 10～25 | 4 | 6 |
| 沿墙敷设 | 6 以下 | 2.5 | 4 |

3. 与建筑物的最小距离

接户线与建筑物的最小距离见表 4-7。

表 4-7　　　　　　接户线与建筑物的最小距离

| 接户线接近建筑物的部位 | 最小距离（m） |
|---|---|
| 至通车道路中心的垂直距离 | 6 |
| 至通车道路、人行道中心的垂直距离 | 3 |
| 至屋顶的垂直距离 | 2 |
| 在窗户以上 | 0.3 |
| 至窗户或阳台的水平距离 | 0.75 |
| 在窗户或阳台以下 | 0.8 |
| 至墙壁、构架之间的距离 | 0.05 |
| 至树木之间的距离 | 0.6 |

4. 跨越建筑物

接户线不允许跨越建筑物，如必须跨越时，接户导线最大弧垂距建筑物的垂直距离应不小于 2.5 m。

5. 其他最小允许距离

接户线与其他架空线路及金属管道交叉或接近时的最小允许

距离见表 4-8，如不能满足时，可用瓷管等隔离。

表 4-8 接户线与其他架空线路及金属管道等交叉时的最小距离

| 接户线与其他架空线路及金属管道交叉部位 | 最小距离（mm） |
|---|---|
| 与架空管道、金属体交叉时 | 500 |
| 接户线在最大风偏时，与烟筒、拉线、电杆的距离 | 200 |
| 接户线与弱电用户线水平距离 | 600 |
| 与其他架空线路和弱电线路交叉时，应架设在下方 | 600 |

（三）接户线的安装

接户线一定要从低压电杆上引接，不允许在线路的架空中间连接。接户线的引接端和接用户端，应根据导线的拉力情况，选用蝶式或针式绝缘子（一般规定导线截面为 16 mm² 以下，采用针式绝缘子；导线截面在 16 mm² 以上宜采用蝶式绝缘子），线间距离不应小于 150 mm。

接户线根据架空线路电杆的位置、接户线路方向、进户的建筑物位置等有以下几种做法：

（1）接户线电杆顶端装置的做法有直接连接、丁字铁架连接、交叉安装的横担连接、特种铁架连接和平行横担连接等做法（见图 4-25）。

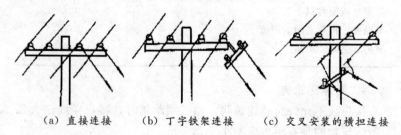

(a) 直接连接　　(b) 丁字铁架连接　　(c) 交叉安装的横担连接

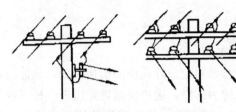

(d) 特种铁架连接　　　(e) 平行横担连接

图 4-25　低压接户线杆顶的做法

(2) 接户线用户端的做法有两线接户线、垂直墙面的四线接户线、平行墙面的四线接户线、四线两组竖装接户线、四线两组横装接户线等做法，其中两线接户线如图4-26所示，接户线的横担规格尺寸见表4-9。

表 4-9　　　　横担规格

| 导线根数 | 两根 | 三根 | 四根 | 五根 | 六根 |
|---|---|---|---|---|---|
| 横担支架长度 $L$（mm） | 600 | 800 | 1100 | 1400 | 1700 |
| 绝缘子固定间距 $L_1$（mm） | 400 | 300 | | | |
| 角钢规格（mm） | 50×50×5 | | | 63×63×6 | |

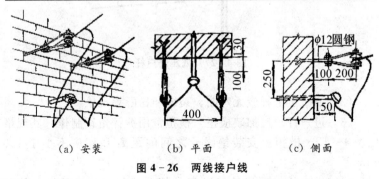

(a) 安装　　　(b) 平面　　　(c) 侧面

图 4-26　两线接户线

33

**二、进户线**

**(一) 进户线装置**

进户线装置是户内、户外线路的衔接装置,是低压用户建筑物内部线路的电源引入点。进户线装置是由进户杆(或角钢支架上装的瓷绝缘子)、进户线(从用户户外第一支持点至户内第一支持点之间的连接绝缘导线)和进户管等部分组成的。

**(二) 进户线装置的一般要求**

(1) 凡进户点低于 2.7 m 或接户线因安全需要而架高,都需加装进户杆支持接户线和进户线。进户杆一般采用混凝土电杆,如图 4-27 所示。

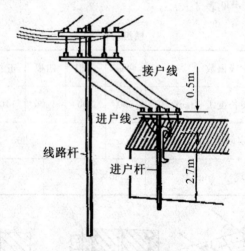

图 4-27 低压进户杆

(2) 混凝土电杆应无弯曲、裂缝和松酥等现象。

(3) 进户杆顶应加装横担,横担常用镀锌角钢制作,其规格见表 4-15。横担上安装绝缘子之间的距离 $L_1$,应不小于 150 mm。

(4) 进户线应采用绝缘良好的铜芯或铝芯绝缘导线,其截面：铜线不得小于 2.5 mm²、铝线不得小于 10 mm²。进户线中间不允许有接头。

(5) 进户线穿墙时，应加装保护进户线的进户套管。进户套管有瓷管、钢管和硬塑料管等多种。为避免瓷管破碎损坏导线绝缘，规定一根导线穿一根瓷管。使用钢管或硬塑料管时，应把所有进户线穿入同一根管内。

(6) 进户套管的壁厚：钢管不小于 2.5 mm，硬塑料管不小于 2 mm。进户套管的有效截面应大于管内所有绝缘导线总截面的 60%。

(7) 进户套管内应光滑畅通，管子伸出墙外部分应做防水弯头。

(三) 进户线的安装

(1) 进户线如经进户杆时，可穿进户套管直接引入户内。

(2) 进户线最大弧垂距地面至少 3.5 m，如图 4-28 所示。在交通要道的弧垂应不小于 6 m。

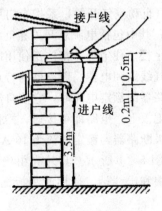

图 4-28 进户线的安装

# 第五章 室内配电线路及其设计

## 第一节 室内配电箱

### 一、室内配电箱概况

室内配电箱主要用于交流 500 V 以下的电气线路中作不频繁操作的室内配电用。室内配电箱产品代号为 XM，为封闭式箱结构，体积较小、安全性好，可以悬挂或嵌入墙内安装，选用的内部元器件有小型断路器、漏电开关等。有的产品还装有电度表和负荷开关。一般采用下侧或上、下两侧进出线方式。

### 二、配电用小型断路器

配电用断路器（自动空气开关）系指专门用于低压电网进行分配电能的断路器，其中包括电源总开关和负载的支路开关。

现代商场、写字楼、住宅等，都广泛使用断路器代替闸刀开关和熔断器保护电气线路和电器。断路器的特点是：当线路发生短路或电流超过断路器的额定电流时，它能自动切断线路。线路故障排除后，将扳把扳上，电路即可接通，操作方便、安全。配电常用的单极或两极断路器，额定电流为 10 A、15 A、20 A 等。单极断路器外形如图 5-1 所示。其外壳由绝缘胶木制成，上、下两端分别为进线端和出线端。使用时将扳把扳上为接通电源，扳下为切断电源。

配电用断路器的选用除遵循一般原则外，还应把限制故障范围和防止事故的扩大作为考虑的重点。

图 5-1 单极断路器

### 三、漏电保护器

漏电保护器又称漏电电流动作保护器或漏电开关等。它是一种在规定的条件下，当漏电电流达到或超过整定值时，能自动切断电源的开关电器。装设漏电保护器是防止人身触电事故的有效措施之一，但安装漏电保护器后，仍应以预防为主，同时采取其他防止电击和电气设备损坏的技术措施。

### 四、室内配电箱的配置

断路器一般与漏电保护器同时安装在专用配电箱上，漏电保护器安装在线路总开关之后。配电箱接线示意图如图 5-2 所示。

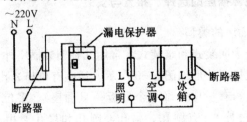

图 5-2 配电箱接线示意图

在室内电气线路中，通常将照明灯具、电热器、电冰箱、空调器等分成几个支路，电源火线接入断路器的进线端，断路器的出线端接电器，零线直接接入电器。每个支路单独使用一只断路器，当某条支路发生故障时，仅该条支路的断路器跳闸，而不影响其他支路的用电。

在安装时，配电箱外壳要接地。安装好的配电箱如图 5-3 所示。

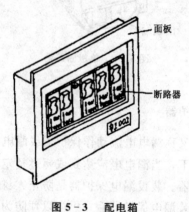

图 5-3　配电箱

## 第二节　插座及开关的选择与安装

**一、电源插座的选择、布置与安装**

（一）插座的类型

插座分为明装式和暗装式，常用几种明装插座外形如图 5-4 所示，暗装插座外形如图 5-5 所示。插座有单相2孔、3孔式和三相4孔式，有一位式（一个面板一只插座）、多位式（一个面板 2~3 只插座），有圆孔、扁孔、圆孔和扁孔通用式，有普通型、防溅型等。三相四孔式插座用于商店、加工厂、修理厂等三相四线制动力用电,电压规格为 380 V,电流等级为 15 A、20 A、30 A 等,并设有接地(接零)接线柱,以确保用电安全。办公室、家庭供电为单相电源,用单相插座,其中单相 3 孔插座有接地(接零)保护接线柱。单相插座的电压规格为 250 V,电流等级为 10 A、15 A、20 A、30 A 等。

单相两孔　单相三孔　三相四孔

图 5-4　常用明装插座外形图

单相两孔　单相三孔　三相四孔

图 5-5　常用暗装插座外形图

(二)插座的选择

室内供电一般为 220 V 单相电源,应选择电压规格为 250 V 的插座。插座的额定电流一般按 2 倍负载(用电器)电流选择,以避免使用日久插座和插头过热损坏,甚至短路。

目前电器用的插头大多是单相 2 极扁插头和单相 3 极扁插头,因此相应的有单相 2 孔扁极插座和单相 3 孔扁极插座。2 孔插座不带接地(接零)接线柱,用于不需要接地(接零)保护的电器;3 孔插座带接地(接零)接线柱,用于需要接地(接零)保护的电器。实行保护接地(接零)系统的楼房,对于电冰箱、消毒柜、微波炉、洗衣机、空调器、电风扇等电器,应选用 3 孔

39

插座，以保证用电安全。对于电视机、计算机、音响、灯具、排气扇等不需要保护接地的电器，采用2孔插座即可。如果室内没有保护接零系统，可采用2孔插座，也可将3孔插座的接地接线柱空着使用。

在电器较多的室内，可采用多联插座，以满足不同电器的需要。在安全性要求较高的场所，如小孩经常活动的场所，可采用带有保护门的安全插座，以防小孩用铁丝等金属物插入插孔而触电。卫生间最好采用有盖板的防溅插座。有火灾、爆炸危险的场所，不得采用普通插座。

对于需要调压的电器，可选用调压插座。使用时，只要旋转调压插座面板上的旋钮，即可连续改变电压，从而达到吊扇调速、电灯调光等目的。

（三）插座的布置

可根据用电器及室内状况，合理布置插座的数量与位置，如室内的客厅可设6～8个插座，供空调器、电视机、音响、吸尘器、落地扇等电器使用。位置可根据上述电器的摆设确定；卧室插座布置应根据家具的布置决定，插座应以两侧墙上各设一组为宜。卧室的电器主要有电视机、台灯、空调器、电热器、电吹风等，因此卧室主要用电处宜用多联插座。

厨房电器主要有换气扇、抽油烟机、微波炉、电磁炉、电饭煲、洗碗机及消毒柜等，因此厨房应按需要布置插座。使用煤气或液化石油气的厨房，不要将插座装设在低处，因为煤气或液化石油气有可能泄漏，并聚集在低处，插拔插头时产生的火花易引燃煤气或液化石油气而发生爆炸。若使用电热水器，应专设15A插座。如果洗衣机放在卫生间，应安装洗衣机插座（防水型）。一般情况下，明装插座用于明敷的场合，暗装插座用于暗敷的场合。

（四）插座安装的一般原则

（1）普通插座应安装在干燥、无尘的地方，且插座安装应牢固、可靠。

（2）插座应正确接线，单相 2 孔插座为面对插座的右极接电源火线（L），左极接电源零线（N）。单相 3 孔及三相 4 孔插座的保护接地（接零）极均应接在上方（E），如图 5-6 所示。

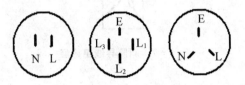

图 5-6　插座的接线方式

（3）当接插有触电危险电器的电源时，应采用能断开电源的带开关插座，开关可断开火线。

（4）潮湿场所应采用密封型并带保护地线触头的保护型插座，其安装高度不低于 1.5 m。

（5）当不采用安全型插座时，托儿所、幼儿园及小学等儿童活动场所插座安装高度应不小于 1.8 m。

（6）车间及试（实）验室的插座距地面应不小于 0.3 m，特殊场所暗装的插座应不小于 0.15 m，同一室内插座安装高度应一致。

（7）暗装的插座面板应紧贴墙面，四周无缝隙，安装牢固，表面光滑整洁，无碎裂、划伤，装饰帽齐全。地插座面板与地面应齐平或紧贴地面，盖板固定应牢固且密封良好。

（五）明装插座安装

1. 2 极明装插座安装

（1）剥去双心护套线绝缘层，用铝片卡将导线固定在墙上，如图 5-7 所示。

（2）在木台板上（下）方开一个小槽，用锥子在木台板上钻

41

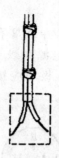

5-7 剥除导线绝缘层

2个孔,让导线穿过木台板的2个孔,用螺钉把木台板固定在墙上,如图5-8所示。

(3) 打开插座盖,将导线穿过插座底座的穿线孔(火线在右),把插座底座用螺丝固定在木台板上,如图5-9所示。

(4) 火线接右边接线柱,零线接左边接线柱,检查正确后,装上插座盖,如图5-10所示。

(5) 切断电源后,将导线的另一端两根线分别接电源的火线和零线并包好绝缘布,然后接通电源,用测电笔检验插座的火线和零线位置是否正确,不正确应对调。

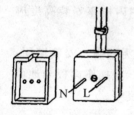  

图5-8 固定木台板　　图5-9 固定插座　　图5-10 装上插座盖

2. 3极明装插座安装

(1) 将剥去两端绝缘层的3芯导线固定在墙上。

(2) 同安装2极插座步骤(2)、(3)。

(3) 火线接右边接线柱,零线接左边接线柱,地线接上端接线柱,如图 5-11 所示。

(4) 同安装 2 极插座步骤(5)。

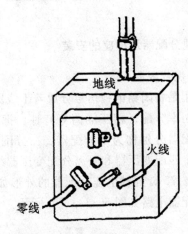

图 5-11 3 极明装插座安装

(六) 暗装插座安装

暗装插座结构如图 5-12 所示。其安装步骤如下:

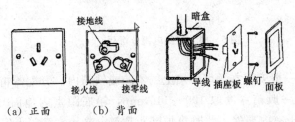

图 5-12 3 极暗装插座　　图 5-13 3 极暗装插座安装

(1) 在墙中已预埋入导线端的安装位置上按暗盒的大小凿孔,并凿出埋在墙中的线管走向位置。将管中导线穿过暗盒后,把暗盒及线管同时放入槽孔中,用水泥沙浆填充固定。暗盒安放要平整,不能偏斜。

(2) 将导线剥去 15 mm 左右绝缘层后，按上述要求接入插座接线柱中，拧紧压紧螺丝。

(3) 将插座用平头螺钉固定在暗盒上，再压入装饰面板，如图 5-13 所示。

## 二、闭路电视分配器及插座的安装

### (一) 闭路电视分配器

分配器的作用是将闭路电视信号分成若干线路传输。分配器具有阻抗匹配、功率分配、相互隔离等特性。把信号分为两路、三路和四路的分配器分别称为二分配器、三分配器和四分配器。一般分配器由阻抗匹配变压器和隔离分配变压器组成，其输入输出阻抗均为 75 Ω。75 Ω 同轴电缆分配器的外形如图 5-14（a）、(b) 所示。二分配器电路如图 5-14（c）所示。

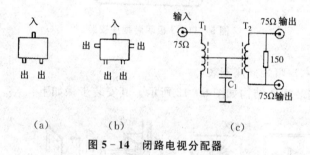

图 5-14 闭路电视分配器

分配器一般安装在预埋于墙上的木箱或铁箱内。分配器箱为暗装箱体，一般箱深度取 100～140 mm，箱底距室内地面 0.3 m。也可置于室内高处，此时箱顶部距顶棚 0.3 m。箱门上安装暗锁，并涂以与墙壁颜色一致的涂料。干线和支线引入接线箱时，电缆应留 250～300 mm 余量，便于以后维修接头使用。安装分配器箱等所需的木砖及铁件等在砌墙时应埋入墙内。详细安装尺寸如图 5-15 所示。

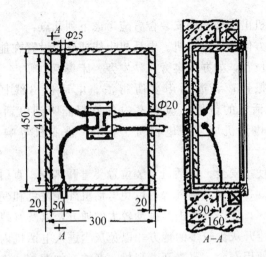

图 5-15 分配器安装

（二）闭路电视插座的安装

闭路电视插座板安装在预埋于墙内的用户暗装盒上，用户暗装盒一般安装在室内距地面 0.3 m 处，与电视机电源插座尽量靠近。若电源插头安装在室内距地面 1.2 m 处，则用户暗装盒也可预埋在这一高度。具体安装尺寸如图 5-16 所示。

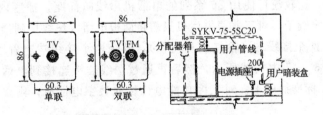

（a）用户暗装盒尺寸　（b）用户暗装盒安装示意图

图 5-16 用户暗装盒的安装

## 三、电话机出线插座的安装

（一）电话机出线插座的安装位置

电话机出线插座的安装位置应考虑下列几点：

(1) 方便连接电话机。电话机出线插座应设置在能方便连接电话机的位置，如办公桌旁、沙发旁、床头柜边等。

(2) 振铃声、通话声要听得清。电话机出线插座位置，即放置电话机的位置，应是室内各处都能听到电话铃声的位置。同时电话机应避开电视机、音响、洗衣机等响声较大的地方。

(3) 使用安全。电话机安装位置要避开热源、直射阳光、厨房中的油烟、热气及潮气等，以免电话机外壳褪色和变形以及内部元件损坏；要避开冲击、振动较大的地方，以及有掉下危险的地方；要避开灰尘较多的地方，以免灰尘进入电话机内，引起故障或缩短使用寿命；要避开电视机、音响、加湿器（负离子发生器）及其他电子设备，以防互相干扰。

(4) 出线盒的安装高度。从安全、美观来考虑，一般出线盒底边离地面 200～300 mm 为宜。

(二) 电话机出线插座的连接

明敷的电话线路，常用圆形或长方形电话接线盒与电话线路入口连接，然后再通过两线绳连接到电话机上。暗敷入户的电话线路，比较流行使用 86 系列的电话机出线暗插座，插座内有 4 个接线端子。对于普通电话机只需将两根电话入户线接到插座的 3、4 两个接线端（粉红色和蓝色），其余两个接线端空着不接，如图 5-17 中实线所示，然后再通过两线插头连接到电话机的 616K 标准插座上。对于多功能电话机或数字电话机，则要从分

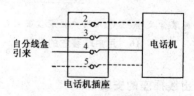

图 5-17 电话机出线暗插座的连接

线盒引出4根线,分别接到插座的4个接线端,再通过四芯组合线连接到电话机。

**四、网线插座的安装**

(一)网线插座的结构

网线插座的结构如图5-18所示,主要包括线针、金属夹子、色标等,其中线针为与网线插头相接处,金属夹子共8个为与网线相连接处,色标A和B两排,表示不同的接线模式。

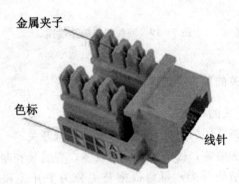

图5-18 网线插座

(二)网线插座的连接

网络布线其实和电线布线的施工方法有些相同,都是在地板、墙壁里暗装。每根网络线由8根线组成,规定分别用白绿、绿、白橙、蓝、白蓝、橙、白棕、棕共8种颜色电线,网线插座连接前,先选好接线模式,一般一个布线系统中最好只统一采用一种接线模式,我国一般采用B模式,当面对金属夹子时,则网线插座与网线连接如图5-19(b)所示,网线插头选用T586B模式,即面对水晶头的线针时,从左至右线序排列为:①白橙、②橙、③白绿、④蓝、⑤白蓝、⑥绿、⑦白棕、⑧棕。

另外，图 5-19（a）表示选用 A 接线模式时网线插座与网线的连接图，网线插头选用 T586A 模式，即面对水晶头的线针时，从左至右线序排列为：①白绿、②绿、③白橙、④蓝、⑤白蓝、⑥橙、⑦白棕、⑧棕。

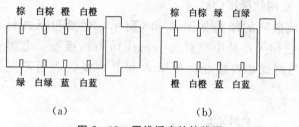

(a)　　　　　　　(b)

图 5-19　网线插座的接线图

### 五、开关的种类、选择与安装

（一）开关的种类

照明线路常用的开关有拉线开关、扳把开关等。拉线开关有普通型、防水型等，扳把开关种类较多，有明装和暗装两种。按开关的机械结构分类，可将扳把开关分为平开关和跷板开关两种，各种开关的外形如图 5-20 所示。还有为了节约用电和方便使用，安装在住宅的楼道等公共场所的延时分离开关，如按钮式延时分离开关、触摸开关、楼道声控开关等。

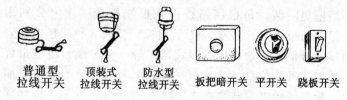

图 5-20　照明线路常用开关

（二）开关的选择与安装

1. 开关的选择

照明供电电源为 220 V，应选择电压为 250 V 级的开关。开关额定电流的选择由负载电流决定，普通照明可选用 2.5～10 A 开关；大功率负载时，应先计算出负载电流，再按 2 倍负载电流选择开关的额定电流。负载电流很大时可选用断路器（自动空气开关）或闸刀开关。

(1) 明装式开关。明装式开关有平开关和拉线开关两种，平开关安装在墙面木台上；拉线开关安装在墙面高处或天花板木台上，使用时不直接接触开关，比较安全。

(2) 暗装式开关。暗装式开关嵌装在墙壁上，美观、安全。暗装式开关的品种、规格很多，常用的 86 系列室内暗装开关外形如图 5-21 所示。

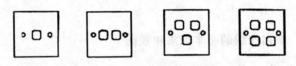

图 5-21 常用暗装开关外形

(3) 按钮式延时分离开关。按钮式延时分离开关常用在住宅的楼道等公共场所，开关被按动后即接通，延时一段时间后自动断开。

(4) 触摸式延时照明开关。触摸式延时照明开关是一种电子开关，用手触摸一下导电片，就能实现开关动作。

(5) 声控延时照明开关。声控延时照明开关在有突发声响（如拍手声）出现时即可点亮电灯，延时点亮一段时间后又能自动熄灭。

2. 开关的安装及注意事项

(1) 开关安装位置应方便使用、维修，并应符合以下规定：扳把式、跷板式开关距地面高度一般为 1.4 m，拉线开关距地面高度一般为 2.2～3 m，成排安装的开关高度应一致（高低差不大于 2 mm)。

(2) 暗装开关的盖板应严密，并与墙面平齐。明装开关应装在木台上。开关安装要牢固，应用双螺钉固定。

(3) 多尘、多油烟、潮湿的室内尽量不装开关，需要安装开关时，应采用防水型开关。室外应装防水型开关，若安装普通开关，应装在避雨的地方。

(4) 单极开关应接火线，这样开关断开时，电器不带电，以保证清洁或检修时安全。

(5) 拉线开关拉线与拉线口方向应一致，否则拉线容易被拉断。

## 第三节　室内布线

### 一、室内布线的基本要求和规则

导线（或电缆）在室内的敷设，以及支持、固定和保护导线用配件的安装等，总称为室内布线（配线）。室内布线分为明装和暗装两种。明装是导线沿建筑物或建筑物的墙壁、天花板、梁柱等表面敷设；暗装是导线在楼板、顶棚和墙壁泥灰层下面敷设。按所用材料来划分，可分为塑料护套线配线、钢管和塑料管配线、瓷瓶配线、槽板配线和钢索配线等。

（一）室内布线的基本要求

(1) 安全：室内线路必须安全，导线材料应选用合格产品，其型号规格应符合图纸要求。施工中导线的敷设、连接，接地线的安装，均应符合质量要求。

(2) 可靠：室内线路必须布局合理，安装牢固，不留安全隐患。

(3) 经济：在确保线路安全、可靠的原则下，尽量节约施工材料，降低成本，在选用材料、选择敷设方式、设计配电线路等环节都应符合经济实用的要求。

（4）方便：配电线路的设计与施工，应为使用和日后的维修提供方便。

（5）美观：线路敷设应整齐、协调和匀称。

（二）室内布线的基本规则

（1）导线截面应能满足负荷电流和机械强度的要求，导线的绝缘应符合线路安装和敷设环境条件的要求。

（2）导线连接和分支处不应受到机械力的作用，应尽量减少导线的接头数量，管内和槽板内不允许有接头，必要时可把接头装在接线盒或灯头盒内。

（3）明装的线路应水平或垂直敷设，水平敷设时，导线距地面不低于 2.5 m；垂直敷设时，导线距地面不低于 2 m。否则应采用套管（硬塑管或钢管）或槽板加以保护，以防止机械损伤，配线位置应便于检查和维修。

（4）当导线穿过楼板时，应设钢管保护，钢管长度应从离楼板面 2 m 高处至楼板下出口处止。导线穿过墙壁时，也应穿管（瓷管或钢管、塑管）保护，保护管伸出墙面不少于 10 mm。保护管用瓷管或塑管时，同一回路的几根导线可穿在一根管内，其最小管径不应小于 13 mm。导线穿向室外时，每根管内只许穿 1 根线。从室内至室外装设的保护管，室外侧应向下倾斜 5°。

（5）当导线沿墙壁或天花板敷设时，导线与墙壁或天花板的距离应不小于 10 mm。在通过伸缩缝或沉降缝时，导线应稍松弛，对于钢管配线的应装设补偿盒，以适应建筑物的伸缩性。

（6）当导线互相交叉时，每根导线均应套以绝缘管，并将绝缘管牢固固定，以避免碰线。

（7）室内电气管线和配电设备与各种管道设备应保持有足够的距离。导线不得在锅炉、烟道的发热表面上直接敷设。

（8）导线在建筑物表面上和各种支架上的固定应牢固。在砖、石、混凝土的建筑物表面安装时，应有预埋件或用膨胀螺栓固定。

（9）采用配线管敷设时，长度超过以下值应装设接线盒：无弯时，配线管管长超过 45 m；有 1 个弯时，配线管管长超过 30 m；有 2 个弯时，配线管管长超过 20 m；有 3 个弯时，配线管管长超过 12 m。

（10）各种配线的非带电金属部分均应可靠接地或接零。

**二、塑料护套线配线**

塑料护套线是一种具有塑料保护层的双芯或多芯绝缘导线，具有防潮、耐酸和耐腐蚀等性能。塑料护套线线路的特点是施工简单、维修方便、外形整齐美观、造价较低，可直接敷设在空心板、墙壁及其他建筑物表面，被广泛用于住宅楼、办公室等建筑物。

（一）塑料护套线线路的施工

1. 定位画线

首先根据各用电器的安装位置，确定好线路的走向，用弹线袋画线，然后每隔 200～250 mm（铝片卡固定）或 300～400 mm（固定夹固定）画出线夹位置，在距安装开关、插座和灯具的 50～100 mm 及导线拐弯处 50～100 mm，应加装线夹（铝片长均为 50 mm）。常用线夹和定位画线如图 5-22 所示。

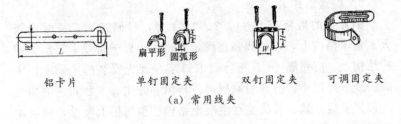

(a) 常用线夹

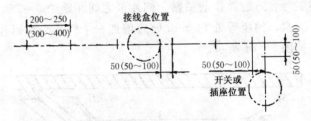

(b) 铝卡片、固定夹固定的画线

图 5-22 常用线夹和铝卡片、固定夹固定的画线图

2. 安装塑料胀管或木塞

如果在未预埋木砖的水泥墙或砖墙上敷设导线，要在走线的位置上钻孔后安入塑料胀管或木塞。木塞的安装操作如图 5-23 所示。

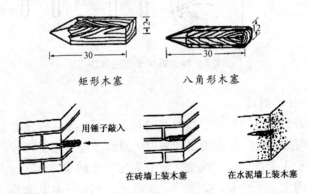

图 5-23 木塞的安装操作

3. 固定铝片卡

铝片卡的规格有 0、1、2、3、4 号，号码越大，长度也越大。在木结构上，可沿线路在固定点直接用钉子将线卡钉牢。在砖结构上，应每隔 4～5 挡将线卡钉牢在预先安装的木塞上，中间的线卡可用小钉钉在粉刷层内。转角、分支、木台和进电器处应预先安装木塞。若线路在混凝土结构或预制板上敷设，则可用环氧树脂等合适的黏接剂粘贴。铝片卡之间相距 200～250 mm。进入开关盒、插座等处 50 mm 处应增加一个铝片卡。铝片卡安装方法如图 5-24 所示。

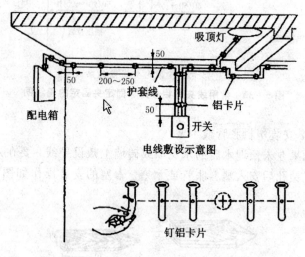

图 5-24 铝片卡安装方法

4. 导线敷设

整齐美观是塑料护套线线路的特点，因此导线敷设必须横平竖直，线路平整。护套线在转弯时，圆弧不能太小，转弯的前后应各固定 1 个线卡，两线交叉处应固定 4 个线卡，导线进入接线盒前应固定 1 个线卡，如图 5-25 所示。铝片卡扎法如图 5-26 所示。

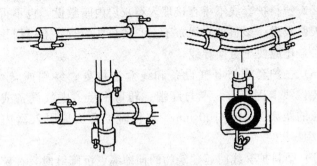

图 5-25 护套线线路的敷设

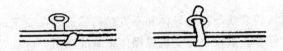

（a）将铝卡片两端撬起　　（b）把铝卡片的尾端从孔中穿过

（c）用力拉紧，使其紧紧地卡住导线　（d）将尾部多余的部分折回

图 5-26 铝卡片扎法

（二）塑料护套线配线的技术要求

（1）配线导线的最小截面，规定室内使用时，铜芯不小于 1.5 mm$^2$，铝芯不小于 2.5 mm$^2$。

（2）敷设时，导线应横平竖直，紧贴敷设面，不得有松弛、扭绞和曲折等现象。在同一平面上转弯时，不能弯成死角，弯曲半径应大于导线外径的 6 倍，以免损伤芯线。

（3）敷设时，应先固定好护套线，再安装固定木台，木台进线的一边应按护套线所需的横截面开出进线缺口。

（4）敷设时，应尽量避免导线交叉。如果导线必须交叉，则交叉点要用 4 个线卡夹住，两线卡距交叉点 50～100 mm。

(5) 塑料护套线不得直接埋入石灰层内暗敷设，也不得在室外露天明敷设。塑料护套线布于空心楼板孔内时，不得损伤导线护套层，还应便于更换导线。

(6) 在护套线与电气设备和线盒连接处、终端或转弯处，均应装设线卡固定，线卡与终端、转弯中点、电气设备或接线盒边缘的距离为 50~100 mm。连接时护套层应引入盒内或设备内。

(7) 塑料护套线跨越建筑物的伸缩缝、沉降缝时，在跨越的一段导线两端应可靠固定，并做成弯曲状，留有足够伸缩的余量。

(8) 塑料护套线与接地导体和不发热的管道紧贴交叉时，应加装绝缘管保护。敷设在易受机械操作影响的场所，应加装钢管保护。在地下敷设塑料护套线时，必须穿管配线。与热力管道平行敷设时，其间距不得小于 1.0 m；交叉敷设时，其间距不得小于 0.2 m。否则，必须进行隔热处理。

(9) 严禁将塑料护套线直接敷设在建筑物的顶棚内，以免发生火灾。

### 三、线管配线

绝缘导线穿在管内敷设，称为线管配线。这种配线方式比较安全可靠，能防止导线受到腐蚀性气体的侵蚀和机械损伤，更换导线比较方便，但费用较高，维修不便，因此，线管配线在过去多用于重要公共建筑物和工业厂房，以及易燃、易爆和潮湿的场所。近年来，塑料管配线在民用建筑电气线路安装中得到普遍应用。

线管配线按施工方法分为明管配线和暗管配线两种。明管配线是把线管敷设在墙上及其他明处，要求横平竖直，整齐美观。暗管配线是把线管埋设在墙内、楼板或地坪内以及其他看不见的地方，要求管路短、弯曲少、便于施工。

线管配线使用的线管有钢管和塑料管两大类。钢管主要是焊接管，有镀锌和不镀锌两种。管壁较厚的钢管（壁厚 3 mm，管径以外径计），适用于潮湿和有腐蚀气体场所的明敷或埋地；管壁较薄的钢管（壁厚 1.5 mm，管径以内径计）又称为电线管，适用于干燥场所明敷和暗敷。塑料管分为硬塑料管和半硬塑料管。硬塑料管耐腐蚀性较好，但机械强度不如钢管，适用于腐蚀性较大的场所明敷或暗敷，但不得在高温和易受机械损伤的场所敷设；半硬塑料管适用于一般民用建筑的照明线路暗敷，但不得在高温场所和顶棚内敷设。钢管是良导体，若施工中导线连接良好，钢管接地良好，可以大大减少接地故障造成的触电危险，但造价较高、加工困难，塑料管价格低，加工容易，在建筑施工中被广泛采用。

（一）线管配线的施工

(1) 线管选择：线管选择包含线管类型选择和线管直径选择。潮湿和有腐蚀性气体的场所内明敷或埋地一般采用管壁较厚的钢管；干燥场所内明敷或暗敷一般采用管壁较薄的电线管；腐蚀性较大的场所一般采用硬塑料管。选择线管直径的依据是导线的截面和根数，一般要求穿管导线的总截面（包括绝缘层）不超过线管内径截面的 40%。

(2) 落料：落料前应检查线管质量，有裂缝、瘪陷、锋口、杂物等均不能使用，线管的内壁和管口都应光滑。然后根据线路弯曲转角情况，确定每个线段由几根线管接成一个线段。

(3) 弯管：在线管改变方向时可将管子弯曲，以满足敷设的需要。常用弯管方法如图 5 - 27 所示。

(4) 锯管：按所需长度用钢锯或锯割机将线管切断。

(5) 套螺纹：为了使各段线管连接起来，利用管子套丝绞板进行套螺纹。

(6) 线管连接

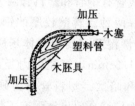 

（a）焊接管的弯曲　（b）硬塑料管的弯曲　（c）管弯管器

图 5-27　常用弯管方法示意图

①钢管与钢管连接：一般采用管箍连接，如图 5-28 所示。

②钢管与塑料管连接：可在接线盒内外各用一只薄形螺母锁紧，如图 5-29 所示。

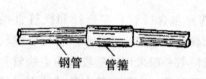

图 5-28　管箍连接钢管　　图 5-29　线管与接线盒连接

③硬塑料管连接：直径 50 mm 及以下的硬塑料可用直接加热法，即两根管子管口倒成内侧角和外侧角插入后直接加热连接；也可将与管子同直径的硬塑料管加热扩大成套管，或直接用与之相配的套管连接。

（7）线管的固定：管路应沿建筑物水平或垂直敷设，并采用支架或管卡固定，管卡可安装在木结构或木塞上。

（8）管子接地：线管配线的钢管必须可靠接地。

（9）清管穿线：穿线工作一般在土建地坪及粉刷工程结束后进行。导线穿火线管前，应先在线管口上套上橡皮或塑料护圈，按线管长度加上两端余量截取导线，剥切导线端部绝缘层，绑扎好引线和导线头，一端慢送导线，一端慢拉引线，最后用白布带或绝缘带包扎好管口,整个过程如图 5-30 所示。

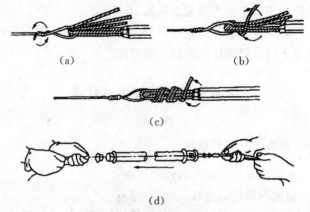

图 5-30 线管穿线与引线绑扎

(二) 线管配线的技术要求

(1) 明敷或暗敷配用的钢管,必须经过镀锌或涂漆等防锈处理,管壁厚度应不小于 1 mm,在潮湿或腐蚀性场所管壁厚度应不小于 2.5 mm。明敷用的硬塑料管的管壁厚度应不小于 2 mm,暗敷用的应不小于 3 mm。

(2) 穿入管内的导线,其绝缘强度不得低于交流 500 V。穿线时,同一管内的导线必须同时穿入,除直流回路导线和接地线外,不许在钢管内穿单根导线。

(3) 不同电源(变压器)、不同电压的导线,不许穿在同一管内。互为备用的线路导线不得穿在同一管内。管内导线不得有接头,必须连接时,应加装接线盒。管内不许穿绝缘破损经过绝缘胶布包缠的导线。

(4) 交流电同一回路的导线应穿在一根钢管中,以消除涡流效应。

(5) 管内导线一般不超过 10 根。多根导线穿入时,导线截面积(包括绝缘层面积)总和不得超过管内截面积的 40%。导线最小截面积,铜芯不得小于 1 mm$^2$,铝芯不得小于 2.5 mm$^2$。

(6) 控制线和动力线共管时，若线路较长或弯头较多，控制线截面积应不小于动力线截面积的 10%。

(7) 如果线管的外径超过混凝土厚度的 1/3，则不得将线管埋在混凝土内，以免影响混凝土的强度。

## 第四节　导线连接与封端

### 一、导线与导线的连接

（一）铜芯导线与铜芯导线的连接

1. 单股铜导线的连接

基本连接方法有铰接法和缠绕连接。截面较小的导线，一般采用铰接；截面较大的导线，多采用缠绕连接。单股导线的铰接方法如图 5-31～图 5-33 所示；单股导线的缠绕连接方法如图 5-34 所示。

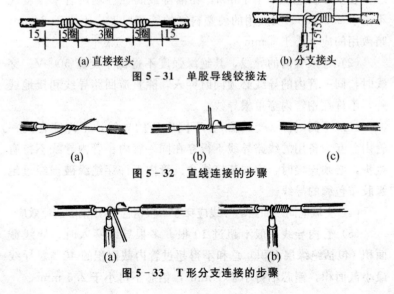

图 5-31　单股导线铰接法

图 5-32　直线连接的步骤

图 5-33　T形分支连接的步骤

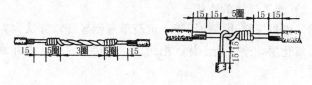

(a) 中间接头　　　　(b) 分支接头

图 5-34　单股导线缠绕法

2. 多股铜导线的连接

各种多股铜导线的连接基本类似，连接时可以参考 7 股铜导线的连接。图 5-35 为 7 股铜导线的直接连接步骤，图 5-36 为 7 股铜导线的 T 形分支连接步骤。

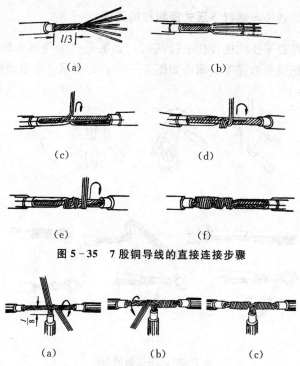

图 5-35　7 股铜导线的直接连接步骤

图 5-36　7 股铜导线的 T 形分支连接步骤

（二）铝芯导线的连接

（1）螺钉压接法：常用于小负荷单股铝导线，方法为先处理好线头氧化层，涂上凡士林，把线头插入接头的线孔内并旋紧压线螺钉。

（2）套管压接法：将导线穿入铝套管后，再用压接钳钳压。

（三）铜芯线与铝芯线的连接

由于铜与铝在一起时，时间一长铝会产生电化腐蚀，因此，对于较大负荷的铜芯线与铝芯线连接应采用铜铝过渡连接管。使用时，连接管的铜端插入铜导线，连接管的铝端插入铝导线，利用局部压接法压接。

## 二、线头与螺钉平压式接线柱的连接

在螺钉平压式接线柱上接线时，如果是较小截面单股芯线，则必须把线头弯成羊眼圈，如图 5-37（a）所示，羊眼圈弯曲

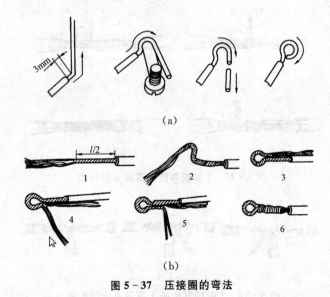

图 5-37 压接圈的弯法

的方向应与螺钉拧紧的方向一致。多股芯线与螺钉平压式接线柱连接时，压接圈的弯法如图 5-37（b）所示。较大截面单股芯线与螺钉平压式接线柱连接时，线头须装上接线耳，由接线耳与接线柱连接。

### 三、导线绝缘层的恢复

导线连接完毕后，连接处通常采用黑胶布带、塑料胶带、黄蜡带和涤纶胶带等绝缘带缠绕包扎，以恢复绝缘。操作时，应从导线左端开始包缠，如图 5-38（a）所示；绝缘带与导线应保持一定的倾斜角，每一层的包扎要压住带宽的 1/2，如图 5-38（b）所示，直到缠到另一端的绝缘层为止。当线路电压为 380/220 V 时，一般包扎两层即可，如图 5-38（c）、（d）所示。

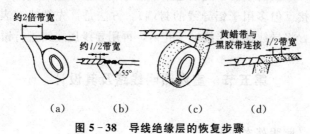

图 5-38 导线绝缘层的恢复步骤

### 四、导线的封端

安装后的配线出线端，最终要与电器设备相连，其连接方法一般有直接连接和封端连接。

（一）直接连接

直接连接适用于 10 mm² 及以下的单股铜导线、2.5 mm² 及以下的多股铜导线（或单股铝芯导线）与电气设备的连接。连接时一般可采用螺栓压接和螺钉压接。

（1）螺栓压接法：其弯圈方法与图 5-37（a）相同，如是多股铜芯导线应先拧紧，镀锡后再行连接。

（2）螺钉压接法：这种方法与导线连接的螺钉压接法相同

(将导线穿入电器的线孔内，再把压接螺钉拧紧固定)，如胶壳刀闸开关、瓷插式熔断器等均为此类压接方式。

(二) 封端连接

将导线端部装设接线端子，然后再与设备相连即为封端连接，大截面导线的连接应采用此法。其封端方式一般有锡焊法和压接法。

(1) 锡焊封端法：此法适用于铜芯导线与铜接线端子的封端。方法是：先把导线表面和接线端子孔内清除干净，涂上无酸焊锡膏后将导线搪一层锡，然后把接线端子加热后将锡熔化在端子内，再插入搪好锡的线芯继续加热，直到焊锡完全熔化渗透在线芯缝隙中为止。

(2) 压接封端法：此法适用于铜导线和铝导线与接线端子的封端连接（但多用于铝导线的封端）。方法是：先把线端表面清除干净，将导线插入接线端子孔内，再用导线压接钳进行钳压。

## 第五节 室内照明线路及其设计

一、照明基本知识

(一) 常用电光源

目前用于照明的电光源，按其发光来源可分为两大类：其一为热辐射光源（如白炽灯、卤钨灯）；其二为放电光源（如辉光放电的霓虹灯、弧光放电的汞灯等）。利用这两类光源制成的常用灯具及其特点如下。

1. 白炽灯

白炽灯是目前使用最为广泛的光源。它具有结构简单、使用可靠、安装维修方便、价格低廉、光色柔和、可使用于各种场所等优点，但发光效率低，寿命短。其寿命通常只有1000小时左右。

2. 日光灯及节能灯

日光灯及节能灯也是使用得特别广泛的照明光源。其寿命比白炽灯长 2~3 倍，发光效率比白炽灯高 4 倍。但附件多，造价较高，功率因数低（仅 0.5 左右），而且故障率比白炽灯高，安装维修比白炽灯难度大。由于它优点特别突出，所以使用仍然很广泛。

3. 高压汞灯

高压汞灯又叫高压水银灯，使用寿命是白炽灯的 2.5~5 倍，发光效率是白炽灯的 3 倍，耐震耐热性能好，线路简单，安装维修方便。其缺点是造价高，启辉时间长，对电压波动适应能力差。

4. 碘钨灯

碘钨灯构造简单，使用可靠，光色好，体积小，发光效率比白炽灯高 30% 左右，功率大，安装维修方便。但灯管温度高达 500 ℃~700 ℃，安装必须水平，倾角不得大于 4°，造价也较高。

5. 霓虹灯

霓虹灯管内充有非金属元素或金属元素，它们在电离状态下，不同的元素能发出不同的色光，广泛使用于大、中、小城镇的夜间宣传广告。配用专门的霓虹灯电源变压器供电，供电电压为 4 000~15 000 V。

常用灯具外形如图 5-39 所示。

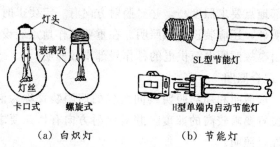

(a) 白炽灯　　　(b) 节能灯

（二）常用照明的种类

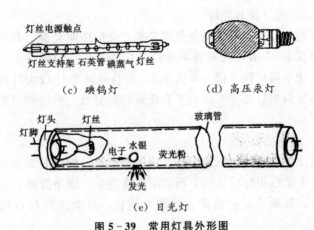

(c) 碘钨灯　　(d) 高压汞灯

(e) 日光灯

图 5-39　常用灯具外形图

电气照明按其照明方式分为一般照明、局部照明、混合照明和事故照明四种。

1. 一般照明

不考虑特殊局部的需要，在整个场所假定工作面上获得基本上均匀的照度而设置的照明装置称为一般照明。对于工作位置密度较大，而对光照方向无特殊要求，或无条件装设局部照明的场所适合装设单独的一般照明。

2. 局部照明

为增加某些特定地点的照度而设置的照明装置为局部照明，对于局部地点要求照度高，并对照射方向有一定要求时，除装设一般照明外，还应装设局部照明。在重要工作地点装设局部照明装置并由事故照明电源供电的称作局部事故照明。

3. 混合照明

由一般照明和局部照明共同组成的照明装置称为混合照明，对工作位置要求较高的照度，并对照射方向有特殊要求的场所，宜采用混合照明。

4. 事故照明

在正常照明因故障熄灭后,供事故情况下暂时继续工作,或安全疏散用的照明装置称为事故照明。在由于工作中断或误操作容易引起爆炸、火灾以及人身事故或造成严重政治后果和经济损失的场所,应设置事故照明。事故照明一般布置在可能引起事故的场所、设备、材料周围以及主要通道和出入口处,并在照明器明显部位以红色"S"作标志,以示区别。

(三)照明电路基本构成

构成电气照明的基本线路,一般应具备电源、接线、开关及负载(从材料来看由导线、照明电器、开关插座、熔断器所组成)这四项基本条件,否则就不成为完整线路。

## 二、室内照明电路的材料选择

材料的选择是室内照明电路设计安装的基本内容之一,材料选择适当与否,关系到是否能使电路正常运行、节省运行费用以及满足实际需要。室内照明电路主要由导线、熔断器、照明灯具、开关等组成,下面就这几方面介绍如何进行这些材料的选择。

(一)导线选择

室内照明电路所用导线一般采用横截面积为 25 $mm^2$ 以下即可,国产 25 $mm^2$ 及以下的布电线共有 8 种规格,即 1、1.5、2.5、4、6、10、16、25 $mm^2$。

根据负荷电流、敷设方式、敷设环境选用导线。仅给设备做接线时可按如下口诀:

10 下 5;百上 2;25、35、4、3 界;70、95 两倍半(这是导线的安全截流密度,即每 1 $mm^2$ 导线的截流量)。其适用条件为:绝缘铝线、明敷设、环境温度按 25℃。如不满足这些条件,可乘以如下的修正系统。

穿管、温度八九折;铜线升级算;裸线加一半(即:暗敷设时乘 0.8;环境温度按 35 ℃时乘 0.9;使用绝缘铜线时,按加大一挡截面的绝缘铝线计算；使用裸线时，按相同截面绝缘导线截流量乘 1.5）。

【例 5-1】负荷电流 33 A，要求铜线暗敷设，环境温度为 35 ℃时选用导线。

分析：设采用 6 mm² 的橡皮铜线（如 BX-6），根据口诀，可按 10 mm² 绝缘铝线计算其载流量，为 10×5＝50 A；暗敷设，50×0.8＝40 A；环境温度按 35 ℃时，40×0.9＝36＞33 A，故可用。

如采用 4 mm² 的橡皮铜线，根据口诀，可按 6 mm² 绝缘铝线计算其载流量，为 6×5＝30 A；暗敷设，30×0.8＝24 A；环境温度按 35 ℃时，24×0.9＝21.6＜33 A，故不可用。

（二）熔断器的选择

一般照明线路，熔断器的额定电流不小于熔体的额定电流，熔体的额定电流大于或等于负荷电流，且不超过负荷电流的 1.5 倍。

（三）室内照明电路灯具的选择

1. 照明灯具的种类

（1）开启式照明灯具：即外界介质可以与光源自由接触灯具。

（2）保护式照明灯具：即光源借透光灯罩与外界隔开的灯具。

（3）防水式照明灯具：即以玻璃灯罩与灯外壳的结合处加有填料，使光源与外界隔开的灯具。

（4）密闭式照明灯具：灯内阁结合面均采用橡胶垫密封，隔绝空间爆炸混合物的灯具。

（5）防爆式照明灯具：其结构特征能保证在任何条件下不会由照明器引起爆炸的灯具。

2. 灯具的选择原则

（1）根据光源选择：室内照明的光源主要是白炽灯和日光灯。

在无特殊要求的场所，宜采用光效高的光源如日光灯；在开关频繁、要求瞬时启动和连续调光的场所，宜采用白炽灯和卤钨灯。

（2）根据配光特性选择：直接照明是一种传统的照明方式，这种照明往往功能作用大于装饰作用，灯具效率高，光通量集中，目标明确。

间接照明往往是把光线射到顶棚、墙面或其他界面上，从而形成反射光后再投射到其他物体上的照明。这种光线一般较柔和，受光均匀，没有眩光。这种光线主要用于制造氛围，是常用的装饰照明方法。

均匀漫射照明这是一种利用光源反射装置所产生的照明方法，通常用顶棚透光材料，形成均匀照明。这类反射装置还有织物、薄纸、细纱等，经过滤后的光线达到柔和的效果，因此没有硬光斑及反光，给人细腻柔和的感觉。均匀漫射照明常用于浴室、客厅、房间。

（3）根据环境条件选择：一般干燥房间采用开启式灯具，在潮湿场所，应采用瓷质灯头的开启式灯具，潮湿较大的场所，宜采用防水防潮式灯具。在油烟和大量尘埃的场所，宜采用防油防尘密闭式灯具。

（4）根据经济性选择：按经济性原则选择灯具，主要是考虑照明装置的投资费用和年维护费用来考虑。

（5）根据实用性选择：室内照明灯具的选择应根据使室内光环境实用和舒适的选用原则。卧室和餐厅宜采用低色温的光源。起居室内和卧室中书写阅读和精细作业宜增设局部照明的灯具。楼梯间宜采用带定时开关或双控开关（如声控开关）的灯具。

（四）开关的选择

普通照明可选用 2.5~10 A 的开关，大功率负载时，应先计算出负载电流，再按 2 倍负载电流选择开关的额定电流。

### 三、居室照明电路的布局

居室照明电路的布局包括照明线路的布局和照明灯具的布置两部分，具体叙述如下。

（一）居室照明线路的布局

1. 居室照明线路的基本形式与供电方式

居室照明线路的基本形式如图 5-40 所示，它主要包括引下线、进户线、总配电箱、分配电箱、干线和支线。

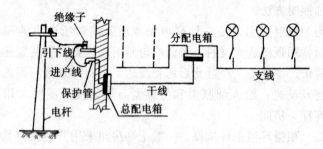

图 5-40　照明线路的基本形式

照明线路的供电方式主要是指干线的供电方式，从总配电箱到分配电箱的干线有放射式、树干式和混合式 3 种，如图 5-41 所示。

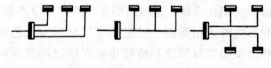

(a) 放射式　(b) 树干式　(c) 混合式

图 5-41　照明线路的供电方式

（1）放射式：各分配电箱分别由各条干线供电［图 5-33 (a)］。当某分配电箱发生故障时，保护开关将其电源切断，不影响其他分配电箱的正常工作。所以放射式供电方式的电源较为可靠，但材料消耗较大。

(2) 树干式：各分配电箱的电源由一条公用干线供电［图5-33（b）］。当某分配电箱发生故障时，影响到其他分配电箱的正常工作。所以电源的可靠性差，但其节省材料，经济性较好。

(3) 混合式：放射式和树干式混合使用［图5-33（c）］供电，吸取了两式的优点，既兼顾材料消耗的经济性，又保证电源具有一定的可靠性。

2. 照明支线的布置

(1) 支线供电范围：单相支线的长度不超过20~30 m，三相支线的长度不超过60~80 m，每相的电流以不超过15 A为宜，每一单相支线所装设的灯具和插座数量不应超过20个，照明线路插座的故障率最高，如安装数量较多时，应专设支线供电，提高照明线路供电的可靠性。

(2) 支线导线截面：室内照明支线的线路较长，转弯和分支很多，因此从敷设施工考虑，支线截面不宜过大，通常在1.0~4.0 mm² 范围之内，最大不超过6.0 mm²。如单相支线电流大于15 A或截面大于6 mm²时，可采用三相或两条支线供电。

(3) 频闪效应的限制措施：为限制交流电源的频闪效应（电光源随交流电的频率交变而发生的明暗变化，称为交流电的频闪效应），可采用三相支线供电的方式（其灯具可按相序排列的方法，如图5-42所示）进行弥补，并尽可能使三相负载接近平衡，以保证电压偏移的均衡度。

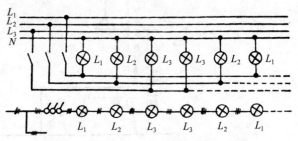

图5-42 三相支线灯具最佳排列示意图

3. 一般住宅建筑照明供电线路

一般住宅建筑照明供电线路如图 5-43、图 5-44 所示。

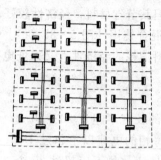

图 5-43 住宅建筑照明供电线路

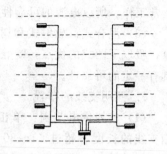

图 5-44 多层建筑照明供电线路

(二) 照明灯具的布置

灯具的布置就是确定灯具在屋内的空间位置,它对光的投射方向、工作面的照度、照度的均匀性、眩光阴影限制及美观大方的效果等,均有直接的影响。

1. 灯具布置的悬挂高度

灯具的悬挂尺寸示意如图 5-45 所示。图中,室内一般灯具的最低悬挂高度 $H_n$ 应根据表 5-1 选择(或取为 2.4~4 m);灯具的垂度 $H_c$ 一般为 0.3~1.5 m(一般多取用 0.7 m)。

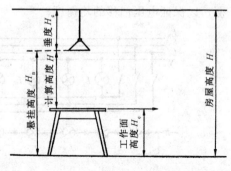

图 5-45 灯具的悬挂尺寸示意图

表 5-1　　　　　室内一般照明灯具的最低悬挂高度

| 光源种类 | 灯具形式 | 灯具保护角 | 灯泡功率（W） | 最低悬挂高度（m） |
|---|---|---|---|---|
| 白炽灯 | 带反射罩 | 10°～30° | ≤100<br>150～200<br>300～500<br>＞500 | 2.5<br>3.0<br>3.5<br>4.0 |
|  | 乳白玻璃漫射罩 | — | ≤100<br>150～200<br>300～500 | 2.0<br>2.5<br>3.0 |
| 荧光高压水银灯 | 带反射罩 | 10°～30° | ≤250<br>≥400 | 5.0<br>6.0 |
| 卤钨灯 | 带反射罩 | ≥30° | 1000～2000 | 6.0<br>7.0 |
| 日光灯 | 无罩 | — | ≤40 | 2.0 |

**2. 灯具的布置间距**

灯具的布置间距就是灯具的平面距离（有纵向和横向），一般用 $L$ 表示。一般灯具（视为点光源的灯具：当光源至工作面的距离大于光源直径的 10 倍时，即视为点光源）布灯间的纵横间距是相同的。

**3. 灯具布置的允许距高比**

灯具布置的允许距高比就是灯具布置间距（$L$）与灯具的悬挂计算高度（$H$）的允许比值，用 $L/H$ 表示。布灯是否合理，主要取决于 $L/H$ 的比值是否适宜，$L/H$ 值小，照度均匀性好，但经济性相对较差；$L/H$ 值大，则布灯稀少，满足不了一定的照度均匀性。为了兼顾两者的优点，应使 $L/H$ 的值符合表 5-2 中的有关数据（部分灯具的推荐数值）。如校验日光灯的允许距高比时，应同时满足表 5-2 中的横向和纵向的两个数值。

**4. 居室照明电路灯具的布置图**

由于居室布置的人性化设计要求不同，其布置也各式各样。图 5-46、图 5-47 两种电气照明布置图可作为参考。

表 5-2　　照明灯具的 $L/H$ 值

| 照明灯具类型 | $L/H$ 多行布置 | $L/H$ 单行布置 | 单行布置时房间最大高度 |
|---|---|---|---|
| 配罩型、广照型 | 1.8～2.5 | 1.6～2.0 | $1.2H$ |
| 防爆灯、吸顶灯、防水防尘灯 | 1.6～1.8 | 1.5～1.8 | $1.0H$ |
|  | 2.3～3.2 | 1.9～2.5 | $1.2H$ |
| 日光灯 | $BB$ 方向 | $AA$ 方向 |  |
|  | 1.62 | 1.22 |  |

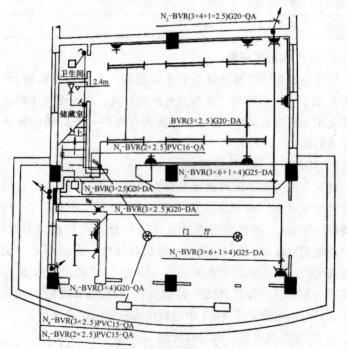

一层电气平面图 1:100

图 5-46　电气平面照明布置图

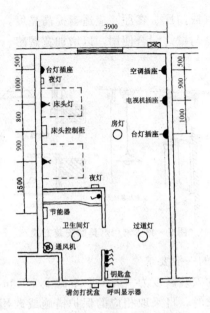

图 5-47 宾馆客房布置原理图

四、照明灯具的安装装

（一）安装方式

室内照明安装一般采用如图 5-48 所示几种安装方式。

(1) 房间较小时可采用天吊灯，房间较低时（如小于2.7 m）可采用吸顶灯。

(2) 有吊顶的房间，空间效果比较宽阔，但照明效果比较固定，可采用嵌入式灯具。

(3) 面积和高度较大的住宅（如客厅、餐厅），为突出艺术性，应采用与建筑的形式相协调的装饰性顶棚花（吊）灯。

(4) 门厅、走廊、楼梯、卫生间一般可采用天棚吊灯或吸顶灯。

(5) 厨房是用来备餐的，应有一定的亮度，一般多采用顶棚灯（也可增加局部照明）。

(6) 方厅(或门厅、客厅)应适当提高亮度,一般可将嵌顶灯(或花吊灯)与壁灯混合使用,以增加宽阔感。

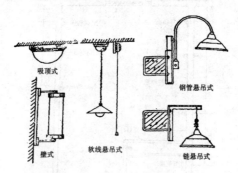

图 5-48 常用灯具的安装方式

(二) 安装的一般要求

(1) 灯具的安装高度为室内一般不低于 2.5 m,如遇特殊情况难以达到要求时,可采取相应的保护措施或改用 36 V 的安全电压供电。

(2) 根据不同的安装场所和用途,照明灯具使用的导线最小线芯应符合表 5-3 的规定。

表 5-3　　　　　灯具线芯最小截面　　　　(mm)

| 安装导线用途 | 线芯最小面积 | | |
|---|---|---|---|
| | 铜芯软线 | 绝缘铜导线 | 铝线 |
| 室内灯头线 | 0.4 | 0.5 | 2.5 |
| | 0.5 | 0.8 | 2.5 |
| | 1.0 | 1.0 | 2.5 |
| 室内移动照明设备导线 | 0.2 | — | — |
| | 1.0 | — | — |

（3）室内照明开关一般安装在门边便于操作的位置上。拉线开关安装的高度一般离地 2~3 m（或距顶 300~500 mm），其拉线出口应垂直向下。跷板开关一般距地面高度宜为 1.3 m，距门框的间距一般为 150~200 mm，如图 5-49 所示。

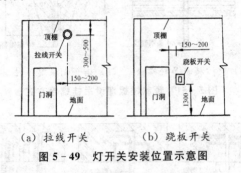

(a) 拉线开关　　(b) 跷板开关
图 5-49　灯开关安装位置示意图

（4）一般明插座的安装高度不宜小于 1.3 m，在托儿所、幼儿园、小学学校及民用住宅，明插座的高度不宜小于 1.8 m，暗插座一般离地 0.3 m（住宅暗插座应采用保护式），特殊场所不宜低于 0.15 m。同一场所安装的电源插座高度应一致。

（5）固定灯具需用接线盒及木台等配件。安装木台前应预埋木台固定件或采用膨胀螺栓。安装时，应先按照器具安装位置钻孔，并锯好线槽（明配线时），然后将导线从木台出线孔穿出后再固定木台，最后安装挂线盒或灯具。

（6）当采用螺口灯座或灯头时，应将相线（即开关控制的火线）接入螺口内的中心弹簧片上的接线端子，零线接入螺旋部分，如图 5-50 所示。采用双芯棉织绝缘线时（俗称花线），其中有色花线应接相线，无花单色导线接零线。

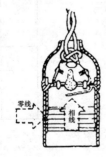

图 5-50　灯头接线

（7）吊灯灯具超过 3 kg 时，应预埋吊钩或用螺栓固定，其一般做法如图 5-51 和图 5-52 所示。软线吊灯的质量限于 1 kg 以下，超过时应增设吊链。灯具承载件（膨胀螺栓）的埋设，可参照表5-4进行选择。承载件伸出屋面的长度，可视灯具形式确定。

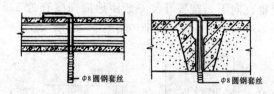

（a）空心楼板吊挂螺栓　　（b）沿预制板缝吊挂螺栓

图 5-51　预制楼板埋设吊挂螺栓方式

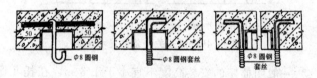

（a）吊钩　　　（b）单螺栓　　　（c）双螺栓

图 5-52　现浇楼板预埋吊钩和螺栓方式

表 5-4　　　　　膨胀螺栓固定承载表

| 胀管类别 | 规格（mm） | | | | | | 承装载荷容许拉力（×10N） | 承装载荷容许剪力（×10N） |
| --- | --- | --- | --- | --- | --- | --- | --- | --- |
| | 胀管 | | 螺钉或沉头螺栓 | | 钻孔 | | | |
| | 外径 | 长度 | 直径 | 长度 | 直径 | 深度 | | |
| 塑料胀管 | 6 | 30 | 3.5 | 按需要选择 | 7 | 35 | 11 | 7 |
| | 7 | 40 | 3.5 | | 8 | 45 | 13 | 8 |
| | 8 | 45 | 4.0 | | 9 | 50 | 15 | 10 |
| | 9 | 50 | 4.0 | | 10 | 55 | 18 | 12 |
| | 10 | 60 | 5.0 | | 11 | 65 | 20 | 14 |

续表

| 胀管类别 | 规格（mm） | | | | | | 承装载荷容许拉力（×10N） | 承装载荷容许剪力（×10N） |
|---|---|---|---|---|---|---|---|---|
| | 胀管 | | 螺钉或沉头螺栓 | | 钻孔 | | | |
| | 外径 | 长度 | 直径 | 长度 | 直径 | 深度 | | |
| 沉头式胀管（膨胀螺栓） | 10 | 35 | 6 | 按需要选择 | 10.5 | 40 | 240 | 160 |
| | 12 | 45 | 8 | | 12.5 | 50 | 440 | 300 |
| | 14 | 55 | 10 | | 14.5 | 60 | 700 | 470 |
| | 18 | 65 | 12 | | 19.0 | 70 | 1030 | 690 |
| | 20 | 90 | 16 | | 23.0 | 100 | 1940 | 1300 |

（8）吸顶灯具安装采用木制底台时，应在灯具与底台之间铺垫石棉或石棉布。日光灯暗装时，其附件位置应便于维护检修，其镇流器应做好防水隔热处理和防止绝缘油溢流措施。

（9）照明装置的接线必须牢固，接触良好。需要接零或接地的灯具、插座盒、开关盒等金属外壳，应由接地螺栓连接牢固，不得用导线缠绕。

（三）照明灯具的安装

照明灯具的安装应根据设计施工的要求确定，通常有悬吊式（悬挂式）、嵌顶式和壁装式等几种，如图5-53所示。

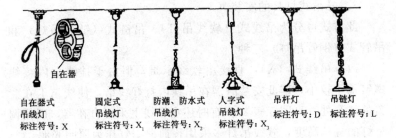

(a) 悬吊灯安装

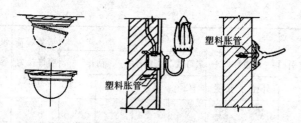

(b) 吸顶类安装　　　(c) 壁灯安装

图 5-53　灯具的安装方式

1. 塑料（木）台的安装

将接灯线从塑料（木）台的出线孔中穿出，将塑料（木）台紧贴住建筑物表面，塑料（木）台的安装孔对准灯头盒螺孔，用木螺丝将塑料（木）台固定牢固。如果在圆孔楼板上固定塑料（木）台，应按图 5-53 的方法施工。

2. 挂线盒的安装

把从塑料（木）台甩出的导线留出适当维修长度，削出线芯，然后推入灯头盒内，线芯应高出塑料（木）台的台面。用软线在接灯线芯上缠绕 5~7 圈后，将灯线芯折回压紧。用粘塑料带和黑胶布分层包扎紧密。将包扎好的接头调顺，扣于法兰盘内，法兰盘（吊盒，平灯口）应与塑料（木）台的中心找正，用长度小于 20 mm 的木螺丝固定。

3. 悬吊式灯具的安装

此方式可分为吊线式（软线吊灯）、吊链式（链条吊灯）和吊管式（钢管吊灯）三种。

（1）吊线式（X）：直接由软线承重，但由于挂线盒内接线螺钉承重较小，因此安装时需在吊线内打好线结，使线结卡在盒盖的线孔处（见图 5-54）。有时还在导线上采用自在器，以便调整灯的悬挂高度，软线吊灯多采用普通白炽灯作为照明光源。

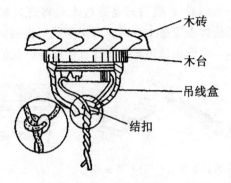

图 5-54 导线结扣做法

(2) 吊链式 (L)：其安装方法与软线吊灯相似，但悬挂质量由吊链承担。下端固定在灯具上，上端固定在吊线盒内或挂钩上。

(3) 吊杆式 (G)：当灯具自重较大时，可采用钢管来悬挂灯具。用暗配线安装吊管灯具时，其固定方法如图 5-55 所示。

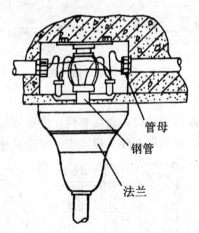

图 5-55 暗管配线吊管灯具的固定方法

4. 嵌顶式灯具的安装

嵌顶式灯具的安装方式分为吸顶式和嵌入式两种。

(1) 吸顶式（D）：吸顶式是通过木台将灯具吸顶安装在屋面上，在空心楼板上安装木台时，可采用弓形板固定，其做法如图 5-56 所示，弓形板适用于护套线直接穿楼板孔的敷设方式。

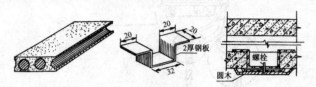

(a) 弓板位置示意　(b) 弓板示意　(c) 安装做法

图 5-56　弓形板在空心楼板上的安装

(2) 嵌入式（R）：嵌入式适用于室内有吊顶的场所。其方法是在吊顶制作时，根据灯具的嵌入尺寸预留孔洞，再将灯具嵌装在吊顶上，其安装如图 5-57 所示。

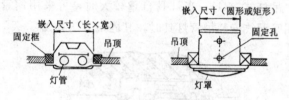

图 5-57　灯具的嵌入安装

5. 壁式灯具的安装（B）

壁式灯具一般称为壁灯，通常装设在墙壁或柱上。安装前应埋设木台固定件，如预埋木砖、焊接铁件或安装膨胀螺栓等。预埋件的做法如图 5-58 所示。

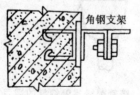 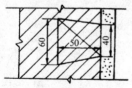

(a) 预埋铁件焊接角钢　　(b) 预埋木砖

图 5-58　壁灯固定件的埋设

### 五、开关的安装

所有开关均应接在电源的相线上,也就是开关应串联在通往灯头的火线上。只是在从开关中穿出线头时,其中一根接的是电源火线,另一根接的是进入灯头的火线,它们应分别接在开关底座的两个接线桩上,然后封紧开关盖。完工的简单灯具如图5-59所示。另外开关扳把接通或断开的上下位置,在同一工程中应一致。

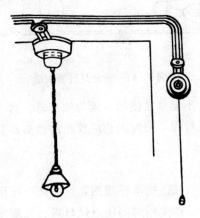

图5-59 装完开关的灯具

### 六、日光灯电路的接线与维修

(一)日光灯的组成

日光灯(又称荧光灯),主要由灯管、镇流器和启辉器等部分组成。

1. 灯管

灯管是一根直径为15~40.5 mm的玻璃管,在灯管内壁上涂有荧光粉,灯管两端各有一根灯丝,固定在灯管两端的灯脚上。日光灯的工作电压,常用的有交流50 Hz 110 V和220 V两种。其功率有 4 W、6 W、8 W、15 W、20 W、30 W、40 W、100 W 8 种。直管日光灯管的外形如图 5-60 所示。

图 5-60　直管日光灯管的外形

直管日光灯管的构造如图 5-61 所示。

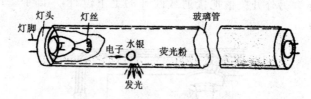

图 5-61　日光灯灯管构造

日光灯灯管不能单独使用，须与镇流器、启动器等配套。不同规格的日光灯灯管，须配用相应规格的镇流器和启动器，不能随意混用。

2. 镇流器

镇流器是具有铁芯的电感线圈，它有两个作用：一是在启动时与启辉器配合，产生瞬时高压点燃灯管；二是在工作时利用串联于电路中的高电抗限制灯管电流，延长灯管使用寿命。

镇流器的结构形式有单线圈式和双线圈式两种，如图 5-62 所示。从外形上看，又分为封闭式、开启式和半开启式三种。图 5-62（a）是封闭式、图 5-62（b）是开启式。

3. 启辉器

启启动器也称启辉器，它的作用是使日光灯电路接通。启辉器外形如图 5-63 所示，装配如图 5-64 所示。

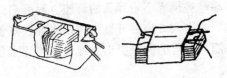

(a) 单线圈式　　　(b) 双线圈式

图 5-62　日光灯镇流器

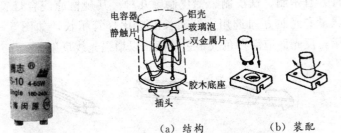

图 5-63　启辉器外形　　　图 5-64　启辉器结构与装配

### 4. 灯座

一对绝缘灯座将日光灯管支承在灯架上，再用导线连接成日光灯的完整电路。灯座有开启式和插入式两种，如图 5-65 所示。开启式灯座还有大型和小型两种，如 6 W、8 W、12 W、13 W 等的细灯管用小型灯座，15 W 以上的灯管用大型灯座。

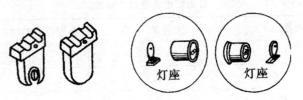

(a) 开启式灯座　　　　(b) 插入式灯座

图 5-65　日光灯座

在灯座上安装灯管时，对插入式灯座，先将灯管一端灯脚插入带弹簧的一个灯座，稍用力使弹簧灯座活动部分向外退出一小段距离，另一端趁势插入不带弹簧的灯座。对开启式灯座，先将灯管两端灯脚同时卡入灯座的开缝中再用手握住灯管两端灯头旋转约四分之一圈，灯管的两个引出脚即被弹簧片卡紧，使电路接通。

5. 灯架

灯架用来装置灯座、灯管、启辉器、镇流器等日光灯零部件，有木制、铁皮制、铝皮制等几种。其规格应配合灯管长度、数量和光照方向选用。灯架长度应比灯管稍长，如图 5-66 所示，反光面应涂白色或银色油漆，以增强光线反射。

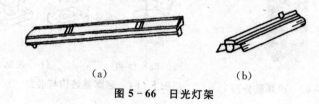

(a)　　　　　　　　(b)

图 5-66　日光灯架

6. 电容器

由于镇流器是一电感性负载，因而使得整个日光灯装置的功率因数降低，不利于节约用电。为提高功率因数，可在日光灯的电源端并联一只电容器，其电容量可按表 5-5 选择。

表 5-5　　　　　　　日光灯电容器的电参数

| 电压（V） | 电容量（$\mu$F） | 所配灯管的功率（W） |
|---|---|---|
| 110 | 7.5 | 30 |
| 110 | 9.8 | 40 |
| 220 | 2.5 | 20 |
| 220 | 3.75 | 30 |
| 220 | 4.75 | 40 |

## （二）日光灯电路的工作原理

日光灯镇流器分单线圈式和双线圈式两种，它的电路接法有如图 5-67 所示的几种形式。

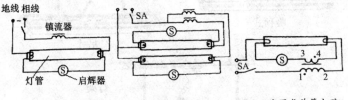

(a)单线圈式单管电路　(b)单线圈式双管电路　(c)双线圈式单管电路

图 5-67　日光灯常用电路

## （三）日光灯的安装

安装日光灯，首先是对照电路图连接线路，组装灯具，然后在建筑物上固定，并与室内的主线接通。安装前应检查灯管、镇流器、启辉器等有无损坏，是否互相配套，然后按下列方法安装。

### 1. 准备灯架

根据日光灯管长度的要求，购置或制作与之配套的灯架。

### 2. 组装灯架

对分散控制的日光灯，将镇流器安装在灯架的中间位置，对集中控制的几盏日光灯，几只镇流器应集中安装在控制点的一块配电板上，然后将启辉器座安装在灯架的一端，两个灯座分别固定在灯架两端，中间距离要按所用灯管长度量好，使灯管两端灯脚既能插进灯座插孔，又能有较紧的配合。各配件位置固定后，按电路图进行接线，只有灯座才是边接线边固定在灯架上。接线完毕，要对照电路图详细检查，以免接错、接漏。

### 3. 固定灯架

固定灯架的方式有吸顶式和悬吊式两种。悬吊式又分金属链条悬吊和钢管悬吊两种。安装前先在设计的固定点打孔预埋合适的紧固件，然后将灯架固定在紧固件上。

## （四）电路连接

把启辉器旋入底座,把日光灯管装入灯座,开关等按以上方法进行接线。图 5-68 所示为日光灯的安装方式与实际电路。

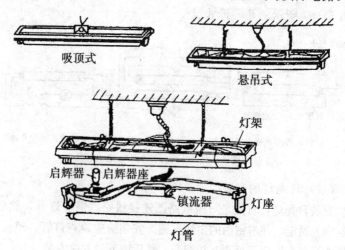

图 5-68 日光灯的安装方式与实际电路

(五)日光灯电路的检修

与白炽灯相比,日光灯线路较为复杂,使用中出现的故障也相应较多,下面根据日光灯的故障现象,分析其产生原因与检修方法。

1. 接通电源,灯管完全不发光

(1)日光灯供电线路开路或附件接触不良时,首先检查各接线端接线是否牢固,其次,若线路有电,接通开关后,用测电笔检查灯管接线桩,正常时,有一边接线桩带电,另一边接线桩无电。如果两个接线桩都无电,是火线开路,应检查开关、熔断器等的进出线桩头是否有电,从而判断它们是否接触不良或熔丝熔断。若开关、熔断器正常,应在线路上检查开路点,首先怀疑的是线路接头处,应从灯管接线桩起逆着电流方向逐点解开接头处的绝缘带,假若查第一点无电,第二点有电,则开路点必定在有电点与无电点之间。

另外,可在日光灯具进线端上接一灯泡,如果测电笔侧出灯头两接线桩上都有电,是灯头前面的零线开路,仍用测电笔沿着线路逆着电流方向逐点检查,其故障点仍在有电点与无电点之间。

导致线路开路故障的原因大致是:小截面导线被老鼠咬断;受外力撞击、勾拉造成机械断裂;绝缘导线受张力和多次拆弯使芯线断裂(有时绝缘皮未断);电流过大被烧断;活动部位连接线因机械疲劳、压接螺钉松动或用力过量而断裂等。

(2)启辉器损坏或启辉器与底座接触不良时,拔下启辉器用短路导线接通启辉器座的两个触头,如果这时灯管两端发红,取掉短路线时,灯管即启辉(有时一次不行,需要几次),则可证明是启辉器坏或与底座接触不良,可以检查启辉器与底座接触部分是否有较厚氧化层、脏物或接触点簧片弹性不足,如果接触不良故障消除后,灯管仍不亮,则说明是启辉器损坏,需更换。

(3)对新装日光灯,可能是接线错误,应对照线路图,仔细检查,若是接线错误,应改正。

(4)灯丝断开或灯管漏气时,判断灯丝是否断开,可取下灯管,用万用表电阻挡分别检测两端灯丝,若指针不动,表明灯丝已断。如果灯管漏气,刚通电时管内就产生白雾,灯丝也立即被烧断。

(5)灯脚与灯座接触不良时,轻微扭动灯管,改变灯脚与灯座的接触状况,看灯光是否变化,否则取下灯管,除去灯脚与灯座接触面上的氧化物,再插入通电试用。

(6)镇流器内部线圈开路,接头松脱或与灯管不配套可用一个在其他日光灯路上能正常工作而又与该灯管配套的镇流器代替,如灯管正常工作,则证明镇流器有问题,应更换。

(7)电源电压太低或线路压降太大时,可用万用表交流电压挡检查日光灯电源电压。如有条件时,可更换截面较大的导线或在线路上串联交流稳压器等。

2. 灯管两头发红但不能启辉

(1)启辉器中纸介电容击穿或氖泡内动、静片粘连这两种情况均可用万用表 $R \times 1 \ k\Omega$ 挡检查启辉器两接线引出脚。若表针偏到 0 Ω，则系电容击穿或氖泡内动、静触片粘连。后者可用肉眼直接判断后更换启辉器。若系纸介电容击穿，可将其剪除，启辉器仍可暂时使用。

（2）电源电压太低或线路压降太大可参照 1. 中第（7）项所述处理。

（3）气温太低时应给灯管加罩，不让冷风直吹灯管，必要时用热毛巾捂住灯管来回热敷，待灯管启辉后再拿开。

（4）灯管陈旧，灯丝发射物质将尽，这时灯管两端明显发黑，应更换灯管。

3. 启辉困难，灯管两端不断闪烁，中间不启辉

（1）启辉器不配套时，应调换与灯管配套的启辉器。

（2）电源电压太低时，参照 1. 中第（7）项处理。

（3）环境温度太低时，参照 2. 中第（3）项处理。

（4）镇流器与灯管不配套，启辉电流较小时，应换用配套镇流器。

（5）灯管陈旧应换新灯管。

4. 灯管发光后立即熄灭

（1）接线错误，烧断灯丝，应检查线路，改进接线，更换新灯管。

（2）镇流器内部短路，使灯管两端电压太高，将灯丝烧断，用万用表相应电阻挡或用电桥检测镇流器冷态直流电阻，如果电阻明显小于正常值，则有短路故障，应更换镇流器。

5. 灯管两头发黑或有黑斑

（1）启辉器内纸介质电容击穿或氖泡动、静触片粘连，这会使灯丝长期通过较大电流，导致灯丝发射物质加速蒸发并附着于管壁，应更换启辉器。

（2）灯管内水银凝结，这种现象在启辉后会自行蒸发消失。必要时可将灯管旋转 180°使用，有可能改善使用效果。

（3）启辉器性能不好或与底座接触不良，这会引起灯管长时间闪烁，加速灯丝发射物质蒸发，应换启辉器或检修启辉器座。

（4）镇流器不配套，用万用表检查灯管工作电压是否正常，

若不正常，可认为镇流器不配套，应换上配套镇流器再试。

（5）线路电压过高，加速灯丝发射物质蒸发，用万用表检查线路电压，若过高则采用降压措施解决，如用交流稳压器等。

（6）灯管使用时间过长，两头发黑，这时应更换新灯管。

6. 灯管亮度变低或色彩变差

（1）气温低影响灯管内部水银气化和降低弧光放电能力，应加防护罩回避冷风。

（2）电源电压太低或线路电压损失较大时参照 1. 中第（7）项所述内容解决。

（3）灯管上积垢太多应清洁灯管。

（4）灯管陈旧，发光性能下降，无法使用时应换新灯管。

（5）镇流器不配套或有故障，使线路工作电流太小，可换上与灯管配套的能正常工作的镇流器对比检查，如确系镇流器问题应更换。

7. 启辉后灯光在管内旋转

（1）新灯管的暂时现象，启动几次后即可消除。

（2）镇流器不配套，使电路工作电流偏大，可换配套镇流器重试。

（3）灯管质量不好，应更换新灯管。

8. 灯光闪烁

（1）新灯管暂时现象，启动几次后即可消除。

（2）启辉器损坏，氖泡内动、静触片不断交替通断而引起闪烁，应更换新启辉器。

（3）线路连接点接触不良，时通时断。检查线路，加固各接头点。

（4）线路故障使灯丝有一端因线路短路不发光，将灯管从灯座中取出，两端对调后重新插入灯座，若原来不发光的一端仍不发光，是灯丝断。若原来发光的一端调过来就不发光了，则是后来不发光的一端所接线路短路，应检查线路，排除短路故障。

9. 灯管启辉后有交流嗡声和杂声

（1）镇流器硅钢片未插紧，如手边有同样规格的硅钢片，可将其插紧。但镇流器内部多用沥青或绝缘漆等封固，铁心拆卸相当困难，通常只能换新镇流器。

（2）电源电压太高。可参照5.中第（5）项解决。

（3）镇流器过载或内部短路，应检查镇流器过载的原因并排除故障，若镇流器内部短路应更换。是否短路仍可用万用表测线圈冷态直流电阻判断。

（4）启辉器不良，由于不断交替通断引起杂声，应更换新启辉器。

（5）镇流器温升过高，检查镇流器温升过高的原因，若系镇流器故障，应更换；若系线路故障，应检修。

10. 镇流器过热

（1）灯架内温度过高，应设法改善通风条件。

（2）电源电压过高或镇流器质量不好（如内部匝间短路），若系电源电压过高，有条件时可参照上述方法降低电源电压，若系镇流器质量不好应更换。

（3）灯管闪烁时间或连续通电时间过长，按上述有关内容排除引起闪烁的故障，适当缩短每次灯管使用时间。

11. 灯管寿命短

（1）镇流器不配套或质量差，使灯管工作电压偏高，灯管工作电压仍可用万用表交流电压挡检查，若偏高，应更换合格镇流器。

（2）开关次数太多或启辉器故障引起长时间闪烁，可以减少开关次数，若是启辉器故障应更换。

（3）新装日光灯可能因接线错误，通电不久灯丝就被烧断，应细心检查灯具接线情况，在确认接线完全正确后再换新灯管。

（4）灯管受强烈振动，将灯丝震断，消除振动因素后换新灯管。

12. 断开电源，灯管仍发微光

（1）荧光粉有余辉的特性，短时有微光属正常现象。

（2）开关接在零线上，关断后灯丝仍与火线相连，只需将开关改接。

# 第六章 常用动力设备及控制电路

## 第一节 交流电动机

### 一、三相异步电动机

（一）三相异步电动机的构造

三相异步电动机的结构主要由定子（静止部分）和转子（转动部分）两个基本部分组成。定子与转子之间有一个很小的间隙称为气隙。鼠笼式异步电动机的结构如图6-1所示。

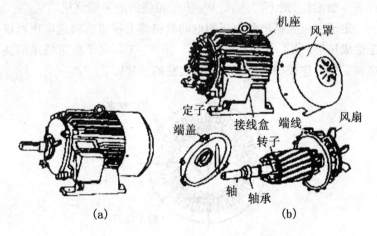

图6-1 三相鼠笼式异步电动机的基本结构

1. 定子

定子由机座（外壳）、定子铁芯和定子绕组等部分组成。

机座由铸铁或铸钢铸成，用来支承定子铁芯和固定整个电动机，在机座两端还有用螺栓固定在机座上的端盖，用来固定转轴。

定子铁芯是电动机磁路的一部分。为了减少涡流和磁滞损耗,通常用0.5 mm的硅钢片叠成圆筒,在硅钢片两面涂以绝缘漆作为片间绝缘。在定子铁芯内圆沿轴向均匀地分布着许多形状相同的槽,如图6-2所示,用来嵌放定子绕组。

定子绕组是定子的电路部分,小型异步电动机的定子绕组一般采用高强度漆包圆铝线或圆铜线绕成线圈,它可经槽口分散地嵌入线槽内。每个线圈有两个有效边,分别放在两个槽内,线圈之间按一定规律连接成3组对称的定子绕组,称为三相定子绕组。工作时接三相交流电源。三相绕组的6个首末端分别引到机座接线盒内的接线柱上,每相绕组的首末端用符号$U_1$、$U_2$,$V_1$、$V_2$、$W_1$、$W_2$标记,如果$U_1$、$V_1$、$W_1$分别为三相绕组的首端(始端),则$U_2$、$V_2$、$W_2$为三相绕组的末端(尾端)。

定子绕组根据电源电压和电动机铭牌上标明的额定电压可以连接成星形(Y)和三角形(△)。图6-3是定子绕组的星形连接和三角形连接图及接线盒中接线柱的连接图。

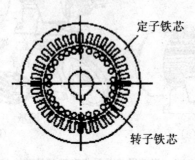

图6-2 定子和转子铁芯

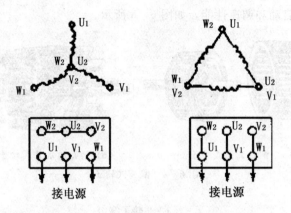

图 6-3 定子绕组的星形和三角形连接

2. 转子

转子由转轴、转子铁芯、转子绕组和风扇组成。

转轴用来固定转子铁芯和传递功率。

转子铁芯是磁路的一部分，也是用 0.5 mm 相互绝缘的硅钢片叠压成圆柱体，并紧固在转轴上。在转子铁芯外表面有均匀分布的槽，用来放置转子绕组。鼠笼式转子一般采用斜槽，以便削弱电磁噪声和改善启动性能。

转子绕组按结构不同分为鼠笼式和绕线式两种，鼠笼式绕组是由嵌放在转子铁芯槽内的导电条（铜条或铸铝）和两端的导电端环组成。若去掉铁芯，转子绕组外形就像一个鼠笼，故称鼠笼式转子，如图 6-4（a）所示。目前中小型鼠笼式电动机一般采用铸铝绕组，这种转子是将熔化的铝液直接浇铸在转子槽内，并将两端的短路环和风扇浇铸在一起，如图 6-4（b）所示。

绕线式电动机的转子绕组和定子绕组一样，是采用绝缘导体绕制而成，在转子铁芯槽内嵌放对称的三相绕组，三相转子均连接成星形，在转轴上装有 3 个滑环，滑环与滑环之间、滑环与转轴之间都互相绝缘，三相绕组分别接到 3 个滑环上，靠滑环与电刷的滑动接触，再与外电路的三相可变电阻器相接，以便改善电动机的启动和调速性能,如图 6-5 所示。

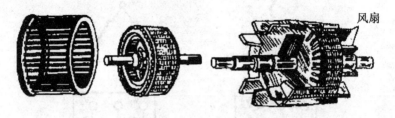

(a) 铜的鼠笼式转子　　　(b) 铸铁的鼠笼式转子

图 6-4　鼠笼式转子

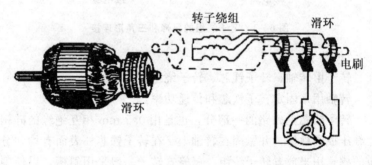

(a) 绕线式转子　　　(b) 转子电路

图 6-5　绕线式转子及其电路

(二) 三相异步电动机的工作原理

1. 异步电动机的转动原理

当三相定子绕组通三相交流电流时,便在空气隙中产生旋转磁场,设某瞬间绕组中电流建立的合成磁场用一对旋转磁场 N 和 S 的磁极来代表,其转速为同步转速,转向为顺时针方向。

在旋转磁场的作用下,转子绕组的导体则相对于旋转磁场逆时针方向旋转,受旋转磁场的磁力线切割而产生感应电动势,根据右手定则来确定该感应电动势的方向(注意:用右手定则时,应假定磁场不动,导体以相反的方向切割磁力线),于是得出:在 N 极下的转子导体中感应的电动势方向是垂直于纸面向外,而在 S 极下的转子导体中感应的电动势方向是垂直于纸面向里，如图 6-6 所示。

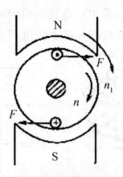

图 6-6 异步电动机的转动原理图

电动势的作用产生感应电流。忽略转子电路的感抗，则转子电流与转子感应电动势的相位相同，图 6-6 中所标的电动势方向也就是感应电流的方向。

我们知道，在磁场中的通电导体将受到电磁力的作用，带有感应电流的转子导体在旋转磁场中也将受到电磁力的作用，电磁力的方向按照左手定则来判断，如图 6-6 所示。转子绕组各导体所受的电磁力，对于转轴来说形成了电磁转矩 $T$，转子便以一定的转速沿着旋转磁场的方向转动起来。显然，转子的转动方向与旋转磁场的方向一致。

综上所述，异步电动机的转动原理就是从电源取得电能给定子绕组，建立旋转磁场，在旋转磁场的作用下，通过电磁感应把电能传递给转子，转子绕组中感应出电动势和电流，转子电流同旋转磁场相互作用产生电磁转矩，使电动机旋转起来。

2. 旋转磁场的产生和方向

三相异步电动机的三相定子绕组是空间对称分布的，如图 6-7 所示。3 个绕组在定子铁芯中互隔 120°排列。把 3 个绕组接成星形，并接到对称的三相电源上，在定子绕组中就有对称的三相

97

电流通过。图6-8是三相对称电流的波形图。

假定电流为正时,电流由定子绕组的始端(A、B、C)流入,末端(X、Y、Z)流出;电流为负时相反。下面从几个不同时刻来分析三相交流电流流入定子绕组产生的合成磁场方向。

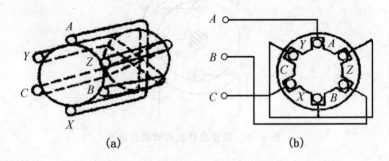

图6-7 三相定子绕组

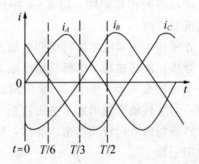

图6-8 定子绕组中的三相电流波形图

当$t=0$时,$i_A=0$,A相绕组内没有电流;$i_B$为负值,B相绕组的电流是从Y端流入,B端流出;$i_C$为正值,C相绕组的电流是从C端流入,Z端流出;用右手螺旋定则可确定合成磁场方向,如图6-9(a)所示。

当$t=T/6$时,$i_C=0$,$i_A$为正值,电流由A端流入,X端流出,$i_B$为负值,电流由Y端流入,B端流出。合成磁场方向如图6-9(b)所示。

同理，当 $t=T/3$ 和 $t=T/2$ 时，就可以得到图 6-9（c）和图 6-9（d）所示的合成磁场方向。可见随着定子绕组的三相电流不断地周期性变化，它所产生的合成磁场也在空间不断地旋转。

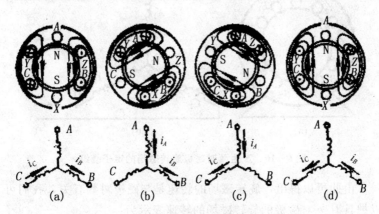

**图 6-9　两极旋转磁场的形成**

从图 6-8 和图 6-9 可以看出，旋转磁场的旋转方向与各相绕组中电流到达最大值的先后顺序即三相电流的相序是一致的。若改变旋转磁场的旋转方向，只要任意调换接入电动机的三相电源中的两根导线就能改变旋转磁场的旋转方向，从而改变电动机的旋转方向。

3. 旋转磁场的转速和转子的转速

上面我们对由 3 个线圈组成的三相定子绕组产生旋转磁场情况进行了分析。分析中我们看到，旋转磁场是由一对磁极产生的，并且三相交流电经过 1/2 周期磁极旋转了 180°。也就是当电流完成了一个周期的变化时，它们所产生的合成磁场在空间旋转了一周。如果由 6 个线圈组成的三相绕组，对称地安排在定子铁芯中，如图 6-10 所示，用相同的分析方法可以发现，旋转磁场是由两对磁极产生的，并且当三相电流变化一周时，两对磁极旋转磁场在空间转过半圈，其转速为一对磁极转速的一半。

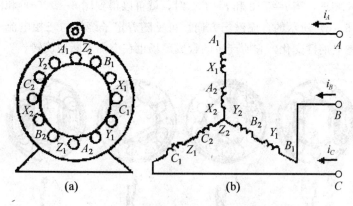

**图 6-10 产生两对磁极旋转磁场的定子绕组**

由此可以得出，旋转磁场的转速是与磁极对数有关。我们可以把具有 $p$ 对磁极的旋转磁场的转速表示为：

$$n_1 = \frac{60 f_1}{p}$$

上式中：$n$ 为旋转磁场的转速，也叫同步转速，单位是 r/min；$f$ 为交流电的频率；$p$ 为电动机旋转磁场的磁极对数。

对于转子，我们已经分析了它随旋转磁场转动的原因。这里我们还应指出，异步电动机转子的转速 $n$ 总是小于旋转磁场的转速 $n_1$。因为，如果转子的转速达到了同步转速，则转子导体与旋转磁场之间就没有相对运动，转子导体将不能切割磁力线，当然转子绕组中也就不会产生感应电流。既然没有电流，转子导体在磁场中就不会受到电磁力的作用而转动。所以，异步电动机的转速 $n$ 总是小于同步转速 $n_1$，故称异步电动机。

通常把旋转磁场对转子的相对转速 $(n_1-n)$ 与旋转磁场的转速 $n_1$ 的百分比叫做异步电动机的转差率，用符号 $s$ 表示，即

$$s = \frac{n_1 - n}{n_1} \times 100\%$$

一般常用的异步电动机，在额定状态运行时转差率很小，为

0.01~0.06。

(三) 三相异步电动机的铭牌

制造厂按国家标准规定的电动机在正常工作条件下的运行状态称为异步电动机的额定运行状态,表示电动机额定运行情况的各种数据,如电压、电流、功率、转速等,称为电动机的额定值,额定值一般标记在电动机的铭牌或产品说明书中。现以Y200L—4型电动机的铭牌为例进行说明,其铭牌如表6-1所示。

表6-1　　　　　　　　三相异步电动机铭牌

| 三相异步电动机 | | |
|---|---|---|
| 型号　Y200L—4 | 电压　380 V | 接法　△ |
| 功率　30 kW | 电流　56.8 A | 温升　80 ℃ |
| 转速　1470 r/min | 定额　连续 | 功率因数　0.87 |
| 频率　50 Hz | 绝缘等级　B | 出厂年月 |
| ××电机厂 | | |

1. 型号

根据用途和工作环境条件不同,制造厂把电动机制成各种系列,每种系列用各种型号表示,以供选用。异步电动机的产品名称代号及其汉字意义如表6-2所示。

表6-2　　　　　　　　三相异步电动机铭牌

| 产品名称 | 新代号 | 汉字意义 | 老代号 |
|---|---|---|---|
| 异步电动机 | Y | 异 | J, IQ |
| 绕线型异步电动机 | YR | 异绕 | JR |
| 防爆型异步电动机 | YB | 异爆 | JB, JBS |
| 高启动转矩异步电动机 | YQ | 异启 | JQ, JQO |

101

小型 Y、Y-L 系列鼠笼式异步电动机是取代 JO 系列的新产品。Y 系列定子绕组为铜线、Y-L 系列为铝线。电动机功率是 0.55~90 kW。同样功率的电动机，Y 系列比 JO 系列体积小、重量轻、效率高、噪声低、启动转矩大、性能好、外观美，功率等级和安装尺寸及防护等级符合国际标准，目前国产 YX 系列电动机是节能效果最好的一种。

2. 功率

铭牌上所标的功率值是指电动机在额定工作时轴上输出的机械功率。它说明这台电动机正常使用所做功的能力。在选用电动机时，要使电动机的功率与所拖动的机械功率相匹配。

3. 电压

铭牌上的电压是指电动机的额定电压，它表示在电动机定子绕组对应某种连接时应加的线电压值。

4. 电流

铭牌上的电流是指电动机的额定电流，它表示电动机在额定电压下，转轴上输出额定功率时，定子绕组的线电流值。

电动机的额定功率 $P$ 与额定电压 $U$ 和额定电流 $I$ 之间有如下关系：

$$P=\sqrt{3}\eta UI\cos\varphi$$

式中：$\cos\varphi$ 为电动机的功率因数；$\eta$ 为电动机的效率。

5. 转速

电动机在额定运行情况下的转速称为电动机的额定转速，铭牌上所标的转速就是指的额定转速。

6. 温升及绝缘等级

温升是指电动机在长期运行时所允许的最高温度与周围环境的温度之差。我国规定环境温度取 40℃，电动机的允许温升与电动机所采用的绝缘材料的耐热性能有关，常用绝缘材料的等级和最高允许温度如表 6-3 所示。

表 6-3　　　　　绝缘等级与温升的关系

| 绝缘等级 | A | E | B | F | H |
|---|---|---|---|---|---|
| 绝缘材料最高允许温度 | 105℃ | 120℃ | 130℃ | 155℃ | 180℃ |
| 电动机的允许温升 | 60℃ | 75℃ | 80℃ | 100℃ | 125℃ |

7. 定额（或工作方式）

铭牌上的定额（或工作方式）是指电动机的运行方式。根据发热条件可分为三种基本方式：连续、短时和断续。

连续：指允许在额定运行情况下长期连续工作。

短时：指每次只允许在规定时间内额定运行、待冷却一定时间后再启动工作，其温升达不到稳定值。

断续：指允许以间歇方式重复短时工作，它的发热既达不到稳定值，又冷却不到周围的环境温度。

8. 功率因数

铭牌上给定的功率因数是指电动机在额定运行情况下的额定功率因数。电动机的功率因数不是一个常数，它是随电动机所带负载的大小而变动的。一般电动机在额定负载运行时的功率因数为 0.7～0.9，轻载和空载时更低，空载时只有 0.2～0.3。

由于异步电动机的功率因数比较低，应力求避免在轻载或空载的情况下长期运行。对较大容量的电动机应采取一定措施，使其处于接近满载情况下工作和采取并联电容器来提高线路的功率因数。

（四）三相异步电动机的启动

1. 鼠笼式电动机的直接启动

直接启动就是通过开关或接触器将额定电压直接加到电动机上启动。直接启动的设备简单，启动时间短。当电源容量足够大时，应尽量采用直接启动。由于直接启动电流大，一般规定不经常启动的电动机，功率不超过变压器容量的 30%，可以直接启动；对于启动频繁的电动机，功率不超过变压器容量的 20%，可以直接启动。需要注意的是，如果电网有照明负载，要求电动机启动时造成的电压降落不超过额定电压的5%。

2. 鼠笼式电动机的降压启动

如果电动机不具备直接启动条件，就不能直接启动，必须设法限制启动电流，通常采用降压启动来限制启动电流，就是在启动时降低加到电动机定子绕组上的电压，等电动机转速升高后，再使电动机的电压恢复至额定值。由于降压启动时电压降低，使电动机的启动转矩也相应减小，这种方法只适用于电动机在空载或轻载情况下启动。常用的降压启动控制电路有以下几种：

(1) 串联电阻降压启动

图6-11是串联电阻降压启动控制电路，$QS_1$、$QS_2$是开关，FU是熔断器。启动时，先合上电源开关$QS_1$，电阻$R$串入定子绕组，加在定子绕组上的电压降低，从而降低了启动电流。待电动机转速接近额定转速时，再合上$QS_2$把电阻$R$短接，使电动机在额定电压下正常工作。

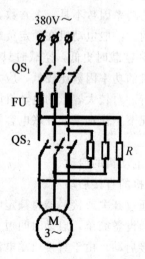

图6-11 串联电阻降压启动电路

(2) Y—△降压启动

如果电动机在正常工作时,定子绕组接成三角形接法,那么,在启动时就可以接成星形接法,从而达到降低定子绕组电压的目的,启动后再换接成三角形接法。这种降压启动方法叫做 Y—△降压启动。

启动时,先将 $QS_2$ 掷到"启动"位置,然后将电源开关 $QS_1$ 合上。这时,定子绕组被接成星形接法,加在每相绕组上的电压只是它在三角形接法的 $1/\sqrt{3}$,而电流为直接启动时的 1/3。当转速接近额定转速时,再迅速将 $QS_2$ 掷向"运行"位置,电动机定子绕组换接成三角形接法,电动机在额定电压下正常运行。用 Y—△降压启动时,启动电压低,启动转矩较小,只适用于轻载或空载启动。

(3) 自耦变压器启动法

对正常运行时为 Y 形接线及要求启动容量较大的电动机,不能采用 Y—△启动法,常采用自耦变压器启动方法,自耦变压器启动法是利用自耦变压器来实现降压启动的。用来降压启动的三相自耦变压器又称为启动补偿器,其原理和外形如图 6-12 所示。

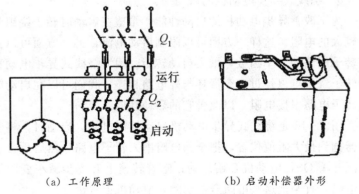

(a) 工作原理　　　　　(b) 启动补偿器外形

图 6-12　自耦变压器启动

用自耦变压器降压启动时，先合上电源开关 $Q_1$，再把转换开关 $Q_2$ 的操作手柄推向"启动"位置，这时电源电压接在三相自耦变压器的全部绕组上（高压侧），而电动机在较低电压下启动，当电动机转速上升到接近于额定转速时，将转换开关 $Q_2$ 的操作手柄迅速从"启动"位置投向"运行"位置，这时自耦变压器从电网中切除。

为获得不同的启动转矩，自耦变压器的次级绕组常备有不同的电压抽头，例如次级绕组电压为初级绕组电压的 60％和 80％等，以供具有不同启动转矩的机械使用。

这种启动方法不受电动机定子绕组接线方式的限制，可按照容许的启动电流和所需的启动转矩选择不同的抽头，因此适用于启动容量较大的电动机，其缺点是设备造价较高，不能用在频繁启动的场合。

绕线式异步电动机的启动，是利用在转子电路中外接电阻的启动方法，既可达到减少启动电流的目的，又可提高启动转矩，所以它常用于要求启动电流不大而启动转矩较大的生产机械上，例如卷扬机、起重机等启动过程结束后，将启动电阻逐段切除。

3. 绕线式异步电动机的启动

为了改善异步电功机的启动性能，希望在启动时转子绕组具有较大的电阻。这样一方面可以限制启动电流，另一方面可以提高转子电路的功率因数，增大启动转矩。因为绕线式异步电动机的转子绕组可以经过三个滑环与外电路相连，我们可以在启动时在转子电路串接电阻，以改善它的启动性能。

图 6-13 是绕线式异步电动机启动控制电路。启动时，将变阻器调到最大阻值位置，把全部电阻串入转子电路，然后再合上电源开关 QS，电动机开始启动；随着转速上升逐步减小变阻器的电阻，直至把这些电阻全部切除，电动机正常运行。

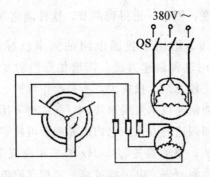

图 6-13 绕线式异步电动机的启动电路

因为绕线式异步电动机转子电路串入电阻启动,减小了启动电流,提高了启动转矩,所以在频繁启动和要求有较大启动转矩的场合都很适用。

(五)三相异步电动机的调速与制动

变频调速装置如图 6-14 所示。

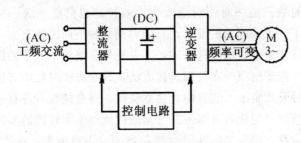

图 6-14 变频调速装置

1. 三相异步电动机的调速

调速就是指在电动机的负载不变的情况下改变电动机的转速,得到不同的转速。

(1)变频调速

当供电电源的频率 $f$ 改变时,异步电动机的同步转速 $n_1 =$

$\frac{60f_1}{p}$ 也随之改变,因而 $n$ 也得到调节,这种调速方法调速范围比较大,而且平滑,但由于我国电网的频率已标准化,工频为 50Hz,若要采用这种调速方法,需增加专门的变频电源,这套变频电源设备比较复杂、投资大,不易操作维护。

近几年变频调速技术发展很快,目前主要采用定子调压调速和定子调压调频调速的方式,它们由晶闸管可控整流器和晶闸管可控逆变器组成。整流器先将 50Hz 的三相交流电变成直流电,再由逆变器变换为频率、电压均可调的三相交流电,供电给三相鼠笼式异步电动机,由此得到电动机的无级调速,如图 6-14 所示。

(2) 变极调速

由 $n_1 = \frac{60f_1}{p}$ 可知,在电源频率 $f_1$ 不变的条件下,改变电动机的磁极对数也能改变同步转速,从而使转子转速得到调节,因为磁极对数只能一对一对地改变,故转速也只能一级一级地调节,达不到无级调速的要求,只能得到几种不同的转速。

从异步电动机的结构中知道,三相异步电动机定子的磁极对数决定于定子绕组的布置和连接方法,改变磁极对数的方法有两种:一种是在定子上装置两套独立绕组,每套绕组有各自的磁极对数,所以可制成具有双速、三速或四速等不同转速的多速电动机。但这种方法使得电动机的体积增大,用料增多,成本提高。近年来均采用一套绕组实现变极调速,这种电动机称为单绕组双速电动机,其方法是将每相绕组分成两部分,利用这两部分绕组的串联或并联的方法得到不同的极数,从而得到不同的转速。

(3) 变转差率调速

在绕线式电动机的转子电路中串联调节电阻(和启动电阻一样接入)来改变调节电阻的大小,便可得到一定范围的平滑调速,也就是改变电阻的大小,使得转差率 $s$ 变化,从而达到调速的目的，这种调速方法的优点是有一定的调速范围、调速平滑、方法简便。缺点是串接电阻要有大量的功率损耗，不经济；在空载或轻载时，调速范围很小，几乎不能调速。因此这种方法主要用在调速范围不大，不会在低速下长期运转的中、小型电动机中，例如桥式起重机、卷扬机等。

2. 三相异步电动机的制动

当电动机被切断电源后，由于转子的转动惯量比较大，所以转子仍继续转动一段时间才能自己停下来。但从安全生产和提高工作效率的需要出发，许多生产机械要求电动机在切断电源后应能及时和准确地停下来，为此，需要对电动机进行制动。制动的方法很多，这里仅简单介绍两种利用异步电动机本身所具有的制动特性来进行制动的方法。

（1）反接制动

当要求电动机从运行状态迅速停下来时，先将定子绕组的接线端由正转连接改为反转连接（即调换三相异步电动机定子绕组3个首端中任意两端的位置或改变三相电源中任意两相之间的位置），此时，电动机的旋转磁场将由原来的正转变为反转，转子也将随之由正转向反转过渡，当转子的转速下降到接近于零时，再迅速切断电源，电动机便能迅速地停止。异步电动机的反接制动控制线路如图6-15所示。反接制动过程中产生制动力矩的原理和方向如图6-16所示。

（2）能耗制动

能耗制动电气控制线路如图6-17所示。制动时，在切断电动机的交流电源的同时，将一直流电源引入任意两相定子绕组中，直流电流在定子绕组中产生一个固定不动的磁场，当转子靠本身的惯性继续旋转时，转子导体切割磁场产生感应电动势和电流，使转子电路成为载流导体，并在磁场的作用下产生一个与转子原来旋转方向相反的制动力矩，使转子迅速停止。这种制动方法利用电动机转子储存的动能转换成电能，消耗在制动电阻上，故称为能耗制动。能耗制动过程中产生制动力矩的原理和方向如图 6-18 所示。

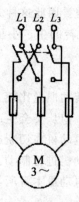

图 6-15 反接制动线路图

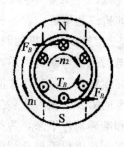

图 6-16 反接制动

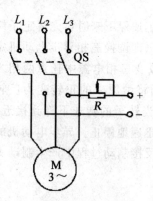

图 6-17 能耗制动的接线图

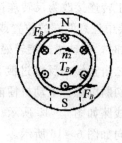

图 6-18 能耗制动

## 二、单相异步电动机

在单相电源电压作用下运行的异步电动机称为单相异步电动机。单相异步电动机的结构特征为：定子绕组单相，转子大多是鼠笼式；其磁场特征为：当单相正弦电流通过定子绕组时，会产生一个空间位置固定不变，而大小和方向随时间作正弦交变的脉动磁场,而不是旋转磁场,如图6-19所示。由于脉动磁场不能旋转,故不能产生启动转矩,因此电动机不能自行启动。但当外力使转子旋转起来后,脉动磁场产生的电磁转矩能使其继续沿原旋转方向运行。

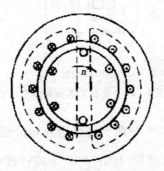

**图6-19 单相异步电动机的脉动磁场**

为了使单相异步电动机通电后能产生一个旋转磁场,自行启动,常用电容式和罩极式两种方法。现介绍电容式单相异步电动机的基本工作原理。

图6-20为电容式单相异步电动机的结构原理图。电动机定子上有两个绕组AX和BY,AX是工作绕组,BY是启动绕组。两绕组在定子圆周上的空间位置相差90°,如图6-20(a)所示。启动绕组BY与电容C串联后,再与工作绕组AX并联接入电源。工作绕组为感性电路,其电流$\dot{I}_A$滞后于电源电压$\dot{U}$一个角度$\varphi_A$,当电容C的容量足够大时,启动绕组为一容性电路,电流超前于电源电压$\dot{U}$一个角度$\varphi_A$,如果电容器的容量选择适当,可使两绕组的电流$\dot{I}_A$、$\dot{I}_B$的相位差为90°,这称为分相。即电容器的作用使单相交流电分裂成两个相位相差90°的交流电。其接线图和其相量图分别为如图6-20(b)、(c)所示。

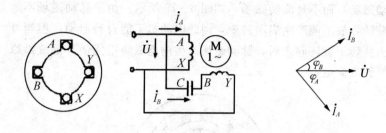

(a) 绕组的空间位置　　(b) 接线图　　(c) 电压电流相量图

图 6-20　电容式单相异步电动机

空间位置相差 90°的两个绕组通入相位相差 90°的两个电流 $\dot{I}_A$ 和 $\dot{I}_B$ 以后,在电动机内部产生一个旋转磁场。在该旋转磁场的作用下,电动机便产生启动转矩,转子就自行转动起来。其分析方法如同三相异步电动机的转动原理一样。图 6-21 是电容式单相异步电动机的电流波形和旋转磁场图。

电容式单相异步电动机启动后,启动绕组可以留在电路中,也可以在转速上升到一定数值后利用离心开关的作用切除它,只留下 AX 绕组工作。这时,电动机仍能继续运转。

电容式单相异步电动机也可以反向运行。只要利用一个转换开关将工作绕组和启动绕组互换即可,如图 6-22 所示。其工作原理可自行分析。这种电路常应用在洗衣机中,其转换开关是由定时器自动控制。

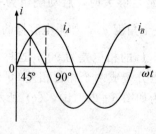

(a) 电流波形

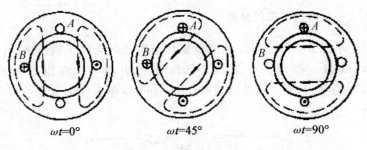

(b) 旋转磁场

图 6-21 电容式单相异步电动机的电流波形和旋转磁场

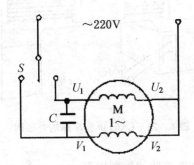

6-22 可以反方向运行的电容式单相异步电动机

单相异步电动机的功率因数和效率都较低，过载能力较差。容量一般在 1kW 以下，常应用于家用电器（如电风扇、洗衣机、电冰箱等）、小功率生产机械（如电钻、搅拌机等）的驱动及医疗器械等。

## 第二节 常用机床电机及控制电路

机床的电气控制，不仅要求能够实现机床的启动、制动、反向和调速等基本要求，满足生产工艺的各项要求，还要保证机床各系统运动的准确性和相互协调，具有各种保护装置，工作可靠，实现操作自动化等。

一、普通车床的外形

车床是一种应用广泛的金属切削机床,能够车削外圆、内圆、螺纹、螺杆、端面以及车削定型表面等,现以常用的 CA6140 型车床为例进行说明。CA6140 型车床外形如图 6-23 所示。

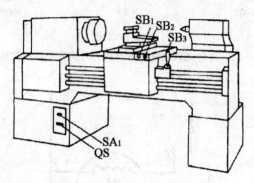

图 6-23 CA6140 型车床的外形图

二、CA6140 型车床的控制电路

CA6140 型车床的控制电路分为主电路和控制电路,如图 6-24 所示。

(一)主电路

主电路共有 3 台电动机:$M_1$ 为主轴电动机,带动主轴旋转和刀架做进给运动;$M_2$ 为冷却泵电动机,用以输送切削液;$M_3$ 为刀架快速移动电动机。

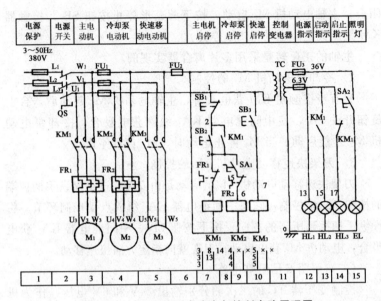

图6-24 CA6140型车床电气控制电路原理图

将钥匙开关SB向右旋转,再扳动断路器开关QF引入三相交流电源。熔断器FU具有线路总短路保护功能;$FU_1$作为冷却泵电动机$M_2$、快速移动电动机$M_3$、控制变压器TC的短路保护。

主轴电动机$M_1$由接触器KM控制,接触器KM具有失电压和欠电压保护功能;热继电器$FR_1$作为主轴电动机$M_1$的过载保护。

冷却泵电动机$M_2$由中间继电器$KA_1$控制,热继电器$FR_2$为电动机$M_2$实现过载保护。

刀架快速移动电动机$M_3$由中间继电器$KA_2$控制,因电动机$M_3$是短期工作的,故未设过载保护。

(二)控制电路

控制变压器TC二次侧输出110 V电压作为控制电路的电源。

1. 主轴电动机$M_1$的控制

按下启动按钮$SB_2$,接触器KM线圈获电吸合,KM主触头闭合，主轴电动机 $M_1$ 启动。按下蘑菇形停止按钮 $SB_1$，接触器 KM 线圈失电，电动机 $M_1$ 停转。

主轴的正反转是采用多片离合器实现的。

2. 冷却泵电动机 $M_2$ 的控制

只有当接触器 KM 获电吸合，主轴电动机 $M_1$ 起动后，合上旋钮开关 $SB_4$，使中间继电器 $KA_1$ 线圈获电吸合，冷却泵电动机 $M_2$ 才能启动。当 $M_1$ 停止运动时，$M_2$ 自行停止。

3. 刀架快速移动电动机 $M_3$ 的控制

刀架快速移动电动机 $M_3$ 的启动是由安装在进给操纵手柄顶端的按钮 $SB_3$ 来控制，它与中间继电器 $KA_2$ 组成点动控制环节。将操纵手柄扳到所需的方向，按下按钮 $SB_3$，中间继电器 $KA_2$ 获电吸合，电动机 $M_3$ 获电启动，刀架就向指定方向快速移动。

（三）照明及信号灯电路

控制变压器 TC 的二次侧分别输出 24V 和 6V 电压，作为机床照明灯和信号灯的电源。EL 为机床的低压照明灯，由开关 SA 控制，HL 为电源的信号灯。

## 第三节　其他常用电机及控制电路

### 一、电风扇

（一）电风扇的分类

电风扇是目前我国家庭中较为普及的家用电器之一。随着国内市场的繁荣及人民生活水平的提高，近几年来我国的电风扇生产获得了迅速的发展，电风扇的花色品种日益丰富多彩。电风扇可以分为以下几类：

（1）按使用电源性质分类：按使用电源可分为交流、直流及交直两用电风扇。一般家庭中以单相交流台扇、落地扇、吊扇最为普遍。

(2) 按电动机的形式分类：按电动机的形式可分为单相交流罩极式、单相交流电容运转式等多种。罩极式的电动机构造简单牢固，维修方便。电容运转式电动机在启动及运行性能方面都较罩极式优越，目前已经广泛使用。

(3) 按结构及使用特征分类：按结构及使用特征可分为台扇、吊扇、顶扇、排风扇等类型。

(二) 电风扇的工作原理

通常使用的电风扇电动机，有罩极式和电容运转式两种。

罩极式电动机是在定子的凸极铁芯上冲出小槽，在小槽内安放短路铜环，称为罩极绕组或起步圈，见图 6-25。整个极上放置主绕组，这时可将磁极视作两部分，装有罩极绕组的称为被罩部分，未放起步圈的则称为未罩部分。当主绕组通电后，在磁极中就产生一个交变磁场。由于罩极绕组的作用，使磁极的未罩和被罩部分的磁场在时间及空间上都不同，合成为一个近似圆形的旋转磁场。当转子导体切割磁力线，产生的电磁力矩足以克服转子的惯性时，转子就开始由未罩部分向被罩部分转动，风叶也就旋转起来。这就是罩极式电风扇的工作原理。罩极式电风扇构造简单牢固，制造方便，成本低廉。缺点是启动力矩较小、效率低、耗电多，目前仍有应用。各类电风扇规格见表 6-4。

表 6-4  各种电风扇的规格 (mm)

| 品种 | 规格（以风叶直径表示） |
| --- | --- |
| 台扇 | 200,（230）,250,300,350,400 |
| 台地扇 | 300,350,400 |
| 落地扇 | 300,350,400,500,600 |
| 壁扇 | 250,300,350,400 |
| 顶扇 | 300,350,400 |
| 吊扇 | （700）,900,1050,1200,1400,1500,1800 |
| 排气扇 | 200,250,300,350,400,500,600,750 |

注：上表括号内为不推荐使用的电风扇规格。

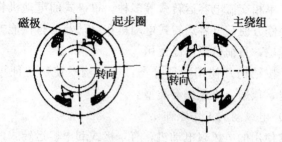

图 6-25 罩极式电动机结构示意图

电容运转式电动机的定子槽内放有两套绕组，称为主绕组和副绕组，见图 6-26。这种电动机中主、副绕组并联运行，电容串联于副绕组中。

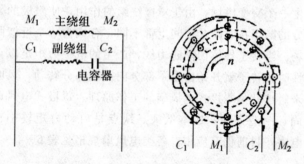

图 6-26 电容运转式电动机定子绕组接线

（三）电风扇的基本结构

1. 台风扇的基本结构

台风扇主要由风叶、网罩、扇头、底座四大部件组成。扇头包括电动机，前后端盖及摇头机构等，是电风扇的主要动力源和传动机构部件。台风扇的外形见图 6-27。

（1）风叶：风叶是风扇推动空气流动的主要部件。风叶设计的优劣，将影响风扇的功率消耗、风量、风压、噪声等性能的好坏。选择风叶的形式和尺寸，一般需经过多次反复试验、论证及分析比较，才能获得最佳方案。台扇风叶多呈三叶掌形或大刀形，也有采用四片风叶的。

**图 6-27　台风扇的外形**

（2）网罩：网罩的作用是为了防止人体触及风叶发生伤害事故，网罩除应有足够的机械强度外，还应款式新颖，造型优美。

（3）扇头：扇头是由电动机和摇头机构组成。

（4）电动机：台扇电动机是一台单相微型异步电动机。主要由前后盖、定子组件、转子组件构成。定子组件由定子铁芯和定子绕组构成，转子组件由转子铁芯、转子绕组和转轴三部分组成。

电动机的转速是由电动机的极数确定的。极数少，转速就高，可获得较高的风量，但电动机的噪声也随之升高，而且高转速使风叶的圆周线速度成正比增大，过高的圆周速度会危及电扇的使用安全。为确保电风扇的使用安全与较低的噪声，国家规定了各种风扇风叶的最高圆周速度，见表 6-5。

（5）摇头机构：电风扇的摇头是由风扇电动机驱动的，扇头的摇头角度按标准规定：250 mm（10 in）以下的台扇摇头角度不小于 60°，300 mm（12 in）以上的不应小于 80°。摇头机构由减速机构、四连杆机构及控制机构三部分组成，见图 6-28。电扇电动机通过减速机构的两级变速后，减速到摇头齿轮的 4~7 r/min 转，再经四连杆机构，获得电扇 4~7r/min 次的往复摇头。

2. 吊扇的基本结构

吊扇适用于家庭、办公室、会场等场所。主要特点是扇风范围及风量大。安装时，吊扇风叶离地面的高度以 3 m 左右为宜，家庭中安装高度应大于 2.2 m。吊扇风叶与天花板的距离应不小于 0.5 m，以保持进风畅通。目前市场上吊扇规格有 900 mm（36 in）、1050 mm（42 in）、1200 mm（48 in）、1400 mm（56 in）等规格。吊扇的主要结构由风叶、扇头、吊杆、吊襻、上下轴承、独立安装的调速器及开关组成，见图 6-29。

表 6-5 电扇电动机的极数

| 电风扇规格(mm) | 电动机极数 | 适用范围 |
| --- | --- | --- |
| 200 | 2，4 | 台扇、排气扇 |
| 250 | 4 | 台扇、排气扇 |
| 300 | 4 | 台扇、台地扇、顶扇、排气扇 |
| 350 | 4 | 台扇、壁扇、台地扇、顶扇 |
| 400 | 4，6 | 台扇、台地扇、落地扇、壁扇、顶扇、排气扇 |
| 500 | 4，6 | 排气扇、落地扇 |
| 600 | 4，6 | 排气扇、落地扇 |
| 750 | 6 | 排气扇 |
| 900 | 12，14 | 吊扇 |
| 1050 | 12，14 | 吊扇 |
| 1200 | 16，18 | 吊扇 |
| 1400 | 16，18，20 | 吊扇 |
| 1500 | 18，20，22，24 | 吊扇 |
| 1800 | 22，24，26 | 吊扇 |

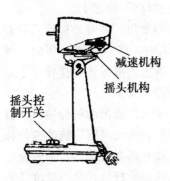
图 6-28 摇头机构图

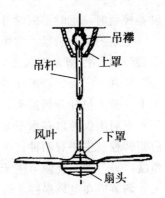
图 6-29 吊扇结构

目前,国内吊扇风叶的叶片普遍采用 1.5～2 mm 铝板冲压成形,多为三叶长条形,常制成阔型及狭型两种。由于狭型风叶用料较省而扇风效果与阔叶相近,故目前较多地采用狭型风叶。冲压成形的叶片用螺钉固定在叶脚上,叶脚应有合理的倾角及足够的刚性,常用 3～3.5 mm 冷轧钢板冲成。叶片油漆后称重分组,以保证每组叶片具有等量的重心力矩,使吊扇运转静稳。

(四) 电风扇的使用和维护

对新购买的电风扇,应先认真阅读说明书,看铭牌上标注的电压和频率是否与使用的电源相符。然后从包装箱中取出扇头、扇叶、网罩,检查一下是否损坏。用手轻轻转动一下扇头的转轴,看是否灵活。若扇头与座子是分装的,应先将扇头安装在座子上。然后卸下扇头上的紧固螺母,装上后网罩,用紧固螺母将后网罩压紧。装上风叶,把风叶套筒上的制动螺钉对准转轴槽旋紧。再把前网罩装上,扣好网罩扣夹。安装完毕后,用手转动一下风叶,确认网罩与风叶无撞击现象,即可开始通电使用。

电风扇的电源开关,常见的有循环式、琴键式两种。调速开关的字母"1"、"2"、"3"表示各挡转速(如快、中、慢),字母"0"表示停止挡。对装有定时器控制的电风扇,可按需要在 60 分钟或 2 小时内的任意时间里控制电风扇自动停转。当不使用定时器控制时，定时器的时针必须指在"ON"位置上。

电扇的摇头装置，常采用摇控式与揿拔式两种。摇控式的开关旋钮装在控制盒面板上，需要摇头时，将开关旋钮旋向"摇动"位置上。反之，放在"停止"位置上。揿拔式的拉杆位于扇头上，揿下拉杆开始摇头，拔出拉杆停止摇头。

电扇不仅可以在水平方向送风，也可作适当的俯仰送风。目前俯仰控制主要有两种：一种是只要轻轻推动网罩即能改变俯仰角度，另一种需要调节座子和扇头连接处的夹紧螺钉。为安全起见，调节应在电风扇停止时进行。电风扇运行后，扇头温度开始升高，这是正常现象，由于电风扇本身具有良好的散热条件，如扇头的前后盖都开有一定数量的通风孔，风叶转动后流动的气流将热量不断排出。因此，当扇头产生的热量与散失的热量相等时，温度就不会再升高。

但若遇到某些特殊情况，如线圈短路，电风扇通电后"嗡嗡"叫而不能启动，甚至嗅到异味或电动机冒烟，应立即切断电源，进行检修。

对电风扇进行经常性的维护保养，是延长电风扇使用寿命的一个重要条件。为了保持电风扇外表的整洁美观，最好经常用软布擦去灰尘及油污，上蜡打光，保持光泽美观。切忌用汽油、苯或酒精等溶剂擦拭，以免损伤油漆，失去光泽。电风扇应保持干燥，不使杂物侵入电风扇内部。每年储藏前，应作一次比较彻底的清洁工作。在转轴外露部分和镀铬网罩表面涂上一层机油，并在扇头加油孔内注入少许轻油（或缝纫机油），用干净布包扎好，放在干燥通风处。切勿放在床底下和易回潮的水泥地上，更要避免叠压、碰撞。同样，每年使用前，也需作一次认真的保养，以便有效地延长使用寿命。

## 二、洗衣机

洗衣机是利用电能驱动、依靠机械作用洗涤衣物的电器具，一般的家用洗衣机洗涤，衣物量较小，容量在 5 kg 以下。

由于家用电动洗衣机能够减轻繁重的家务劳动，耗电不多，机构比较简单，工艺不太复杂，所以很受人们的欢迎，很快得到了普及。

(一) 家用电动洗衣机的类型

洗衣机有三种分类：按自动化程度分有普通型洗衣机、半自动洗衣机和全自动洗衣机；按洗涤方式分有波轮式洗衣机、滚筒式洗衣机、摆动式洗衣机和喷流式洗衣机等；按结构形式分有单桶洗衣机和双桶洗衣机。

洗涤、漂洗和脱水是洗衣机的三种功能。是否能够自动进行转换，是区别普通洗衣机、半自动洗衣机和全自动洗衣机的标准。

洗涤、漂洗和脱水，各功能的操作需用手工进行转换的，就叫做普通洗衣机。

在洗涤、漂洗和脱水各功能之间，只要有其中任意两项功能转换不用手工操作，而能自动进行的洗衣机，就叫做半自动洗衣机。

对于具有洗涤、漂洗和脱水各项功能之间的转换，全部不用手工操作，而能自动进行的洗衣机，就叫做全自动洗衣机。

目前，我国的家庭绝大多数使用的是波轮式洗衣机，因此着重介绍波轮式洗衣机。

洗衣机的规格是按额定洗涤（或脱水）容量而划分的，规格的单位是 kg。它分别有 1.0、1.5、2.0、2.5、3.0、4.0、5.0 共 7 种。例如 2.0，表示洗衣机正常工作时洗涤（或脱水）的干衣重量为 2 kg。实际使用时，要用额定洗涤（或脱水）容量数乘以 10（洗衣时还有水的重量）。

为了设计、制造和使用方便，简化对洗衣机产品的名称、类型和规格的叙述，国家标准局规定了统一的产品型号。例如，XPB20-2S，这个型号表明是普通双桶波轮式洗衣机，该机容量为 2 kg，是厂家双桶洗衣机第二次设计的产品。

（二）波轮式洗衣机的构造和工作原理

波轮式洗衣机主要由洗衣桶、波轮、机箱、传动系统等部件组成。有些半自动及全自动洗衣机还包括离心脱水装置。单桶普通型洗衣机的结构见图 6-30。

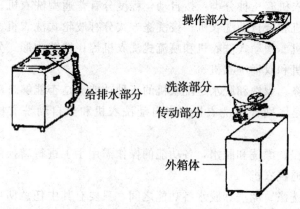

图 6-30 单桶普通型洗衣机结构图

（1）洗衣桶：洗衣桶的功能是盛洗涤液和被洗涤的衣物，是完成洗净或漂洗的主要部件之一。桶内装有波轮，桶底开有排水孔，桶上部有溢水孔等。有些洗衣机在桶内标有水位线。洗衣桶截面形状有方形、圆形、长方形等式样。桶内壁光滑，有些桶内壁表面上设有凸起挡块或做成波浪形，目的是加强洗涤作用。洗衣桶的材料可用钢板、搪瓷、铝板、塑料、不锈钢、镀锌铁板等。

（2）波轮：波轮在传动系统驱动下，以每分钟数百转的速度旋转，拨动洗涤液呈涡卷状，把衣物洗净。波轮一般都用聚丙烯塑料或 ABS 塑料注塑成型，外表面有几块突起的筋，均匀分布在波轮表面上。常见的波轮形状有图 6-31 所示的几种。波轮直径多在 165～185 mm 之间，直径小而凸起筋数目多的波轮，一般为 380～450 r/min；直径大而凸起筋数目少的波轮，转速一般在 500～800 r/min 之间。波轮的安装位置，对普通型和半自动型洗衣机来说，既可以安装在桶底中部，也可安装在桶底一侧，与桶轴线成 8°～18°的位置上。而对于全自动洗衣机来说，波轮则只能安装在桶底中部的位置上。

（3）机箱：机箱用来安装洗衣机的各零部件，表面喷涂各种颜色的涂料，起防腐和装饰作用。机箱应具有足够的刚性和稳定性，以减轻振动和噪声。

（4）操作面板：操作面板上装有定时器旋钮、排水开关、进水孔、指示灯、洗涤选择开关等。面板上还有产品商标及其他装饰图案，面板常用铝板经化学处理制作。

（5）定时器：定时器是洗衣机的大脑，通过定时器控制电动机按规定时间运转。普通定时器只能使洗衣机做正反方向旋转，见图 6-32。为了使洗衣机能洗各种不同质地的衣物，定时器上设置了强洗、中洗、弱洗等方式，见图 6-33。强、中、弱洗的变换可依靠洗衣机面板上琴键开关或旋钮开关来控制。

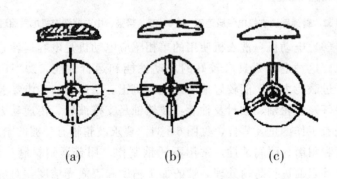

(a)        (b)        (c)

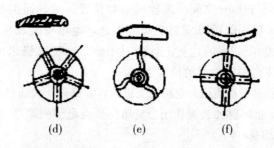

图 6-31 常见的波轮形状

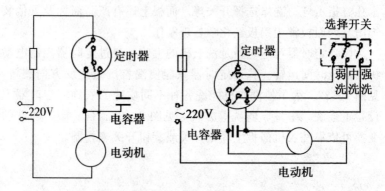

图 6-32 普通型洗衣机电气原理图　图 6-33 带强、中、弱洗衣机电气原理图

（6）电动机：洗衣机使用的单相感应电动机是电容运转式电动机。这种电动机具有较好的启动性能和运行性能。功率因数高，过载能力强，能较好地满足洗衣机正、反运转的工作要求。

（7）波轮轴、轴封及轴承：波轮轴是支撑波轮、传递动力完成洗衣工作的重要零件，见图 6-34。要求波轮轴有足够的刚度、强度和耐磨、耐腐蚀性，常用不锈钢制作。用普通钢材制作时，应对其表面进行防锈处理。轴的加工精度和表面光洁度，对洗衣机噪声和寿命都有直接影响。

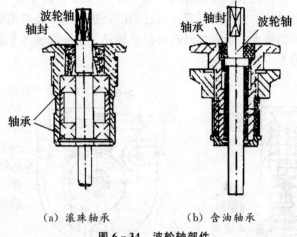

(a) 滚珠轴承　　　　(b) 含油轴承

图 6-34　波轮轴部件

（8）减速传递机构：由于波轮式洗衣机所需传递功率不大，常用"O"形三角皮带传递功率。由电动机经皮带轮减速带动波轮转动。

（9）脱水桶：脱水桶是双桶洗衣机和脱水部分的主要部件，它由脱水内桶和脱水外桶所组成。脱水外桶一般呈长方形，材料有搪瓷和塑料的。结构对于洗衣桶来说有分离的，也有整体组装的。外桶底部有排水孔并装有单向排水阀片，脱水外桶通过橡胶波形管垫圈、脱水轴油封、脱水内桶的连接轴与脱水内桶配套组合。

脱水内桶是一个桶壁布满蜂窝孔的长形圆筒。筒底装有连接轴，连接轴穿过脱水轴油封，通过联轴器与脱水电动机轴直接相连。在脱水电动机直接带动下做 1400 r/min 的高速旋转。衣物在离心力的作用下，将水分通过蜂窝孔甩向外桶，从而达到甩干的目的。我们称这种甩干形式为离心分离式。常见脱水桶结构见图 6-35。

为了确保操作者的安全，在脱水桶盖下面装有安全连锁开关

(限位开关)。洗衣机脱水部分工作时，只要脱水桶上盖一打开，脱水电动机的电路当即断开。与此同时，机械刹车装置抱轴，使高速旋转的脱水内桶在短时间内停止转动。这种机械刹车装置的结构见图 6-36。

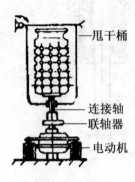
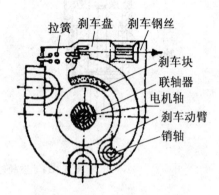

图 6-35 脱水桶结构　　图 6-36 机械刹车装置结构图

（三）洗衣机的使用和维护

洗衣机的使用环境应在室内，避免太阳光直接照射和雨淋。环境温度适宜 0℃～40℃。周围空气中应无易燃性、腐蚀性气体或导电尘埃。环境温度在 90% 以下（25℃）。电压的波动范围不超过 ±10%（200～240 V）。水温控制在 2℃～60℃为宜。

（1）室内电源插座的安装：洗衣机经常在潮湿的环境中工作，为了保证使用者的安全，要求使用带有保护接地的单相 3 孔电源插座，其接地端应接好保护地线。

若使用单相两孔电源插座时，必须要将洗衣机箱体外壳上的引出地线（一般为黄绿双颜色的塑料线）接好地。一般洗衣机生产厂家的产品，若机器电源引线使用两头插头时，在洗衣机箱体的外壳上，都有接地线引出。

将洗衣机接上电源后，把按键开关的一个按键按下，转动洗涤定时器，使洗衣机处于工作状态，再用测电笔对箱体金属外露部分测试是否漏电。只有当箱体金属外露部分完全不带电时，方可使用。

绝对不允许将地线接于煤气管道上，暖气管道上。

（2）洗衣机的安装与调整：洗衣机的安放位置应该选择在距水源、排水沟较近的地方。安放地面应该平坦，近似水平的条件，这样有利于洗衣机的安放稳定。不稳时应借助于箱体底部的高低调整支脚，使洗衣机安放稳定，以减少工作时产生的噪声、振动及桶内的水向外飞溅。

洗衣机的安装位置还应注意：排水管跨过台阶的高度不应过高，一般应小于 20 cm，否则水将排不出去（除有上排水功能的洗衣机）。

（3）运转性能检查：接通电源，对洗衣机进行空载试验（指洗衣桶内应注满水，而无被洗衣物）。进一步检查一下噪声大小以及有无其他异常杂音或撞击声。分别对按键开关所控制的三种水流方式进行试验，观察波轮有没有对应的三种运转的水流方式。应该特别注意：每变换一种新的水流方式时，必须把定时器在强制关闭的条件下进行，即把定时器逆时针方向旋转至停的位置。其次，决不许可同时按下两个按键开关的按键，以防止短路，烧毁触点。

旋转脱水定时器，使电路接通，观察脱水部分的工作状况。当打开脱水外桶上盖时，甩干桶能否在 10 秒钟内停止转动。关闭上盖，甩干桶是否继续运转工作，直至定时器复位。

（4）防锈防腐措施：洗衣机除部分塑料件、橡胶件外，大部分采用金属零件。这些金属零件在长期与水接触过程中，很容易锈蚀腐烂，因此，要将洗衣机放置在干燥通风的地方。洗衣机在每次使用完毕后应用干布将潮湿部分擦干净。不要用碱、酸类物质或硬质刷，擦洗外箱体的漆表面，以保护经磷化后有防锈能力的表面及喷漆表面的色泽光洁。要防止机械冲击、碰撞或划伤。

（5）机械的润滑：根据洗衣机的使用情况（大约累计连续工作在 500 个小时以上），应定期给机械运转部位加注润滑油。例如，洗衣机主轴（波轮轴）轴承多为含油轴承，应在防护罩和密封圈之间以及与转动轴接触部分，分别添加耐水性好的锂基润滑脂或钙基润滑脂。滑动轴承处有加油孔，应半年加注一次20号机械油。没有20号机械油，也可加注缝纫机油，但加油时间改为3个月一次。否则，容易造成干摩擦，产生大量的热，加速油封外部橡胶的老化和磨损，造成洗衣机的渗、漏水现象。

甩干电动机传动轴和脱水内桶连接轴直接相连，其转速比洗衣机主轴要高。所以，轴套处应使用性能较好的润滑脂，以防流失和甩出。

电动机轴承部位在安装时，已填有润滑脂，经过较长期运转后，应检查其润滑情况。必要时应更换润滑脂，最好使用抗水性好，摩擦系数小的锂基润滑脂。

对洗衣机的机械系统部分，除运转部位要定期加注润滑油、润滑脂外，对传动部位也要定期检查。及时对机械磨损严重的部位以及紧固件松动的地方，进行更换、修复或紧固。电动机轴承、洗衣机主轴轴承如果损坏，都需要查清原因，进行修复或更换。不能凑合使用，造成其他机件的损坏。

(6) 安全用电的检查：洗衣机是带水进行操作和工作的家用电器，它的电器部件绝缘性能好坏，以及它的保护接地装置是否安全可靠，直接关系到使用者的生命安全。因此，要经常检查洗衣机箱体接地装置性能是否良好，有无锈蚀现象，应保证安全可靠。还应特别注意检查电器零部件是否受潮、电线外皮有没有擦破、断裂和漏电现象。对发现的电气问题要及时处理和解决。

### 三、动力水泵

(一) 农用水泵及电气线路

水是农业的命脉，水和农作物的生长有着极其密切的关系，根据农作物各阶段生长期的要求，控制水的增减，对确保农作物的高产、稳产起着很大的作用。用水泵进行排灌在我国农业机械化和农田水利化中，是使用最广，数量最多的一种农业机械。水泵的组成包括离心泵、混流泵、轴流泵、深井泵、潜水泵、水轮泵、水环真空泵、自吸泵、喷灌机等许多种类。其中离心泵占一半多，在农村应用最为广泛。下面介绍两种农村常用水泵。

1. 离心泵

离心泵按照叶轮进水方式不同分为两种。叶轮单面进水的为单吸离心泵，这种水泵的特点是结构简单，使用方便，虽然出水量较小，但扬程高，适用于地下水位较浅的井灌地区、渠道或河流两旁以及部分山区。叶轮双面进水的为双吸离心泵，这种水泵的特点是出水量大、扬程低，多安装在河流两旁使用。

离心泵是利用离心力的作用原理进行工作的。当动力机带动水泵时，水源中的水通过进水管流入泵内，然后通过出水管被压送至出水口。进水和出水，是水泵工作的两个组成部分。离心水泵外形如图6-37所示。

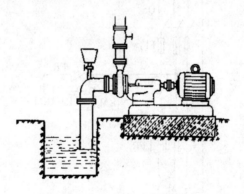

图6-37 离心水泵外形

2. 潜水泵

潜水泵把电动机和水泵体组装在一起，全部浸没在水中工作。潜水泵主要由水泵、电动机和输水管三个部分组成。潜水泵的水泵部分采用离心泵、轴流泵或混流泵三种形式。由进水节门、叶轮、导流壳及逆止阀等组成。整机淹没在水中，电动机带动水泵叶轮旋转，使水沿出水管路流出。

因为潜水泵电动机是在水中运行，所以在结构上有严格的密封装置，防止水、潮气和泥沙进入电动机内部。潜水电动机的结构有干式、半干式、充油式和湿式四种。

3. 水泵的电气线路

一般农村所用的离心水泵或是潜水泵只要功率不超过 28 kW 大都可采用接触器直接启动线路，它的电气线路由隔离刀开关、60 A 或 100 A 螺旋保险、20 A 或 40 A 或 60 A 交流接触器（交流接触器的大小可根据电动机的容量来确定），与电动机相配套的热继电器、连接主导线、二次控制线和两只按钮等组成。这种线路具有过载保护和短路保护措施，是一般水泵常采用的控制线路，如图 6-38 所示。

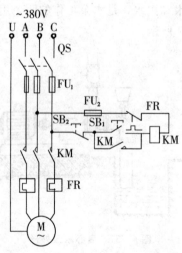

图 6-38 远距离控制电动机线路

（二）水泵及电气线路故障检修

水泵及电气线路故障检修见表 6-6～表 6-9。

表 6-6　　　　　　　　按下操作按钮后电动机无声

| 可能原因 | 检修方法 |
| --- | --- |
| 电源无电压 | 用低压验电笔测刀闸开关上桩头，三相有无电压，如一相或两相无电压时，应向线路查找原因，三相均无电压则可能是停电造成，可等来电后再启动电动机 |
| 熔断器熔断数相 | 用低压试电笔测试熔断器下桩头，看三相是否有电压，若某相无电压应更换熔断器 |
| 控制按钮按下后闭合不良 | 断开电源，用万用表电阻挡测启动按钮常开点，然后用手操作按下该按钮，若常开点不闭合时要更换同型号的按钮 |
| 接触器线圈烧坏或机械卡死 | 用万用表电阻挡在断开电源情况下测交流接触器线圈引出线两端子，若线圈断路要更换同型号线圈，若线圈通路，又有正常的线圈电阻，应打开接触器灭弧盖用手闭合接触器，观察接触器动作机构是否灵活，若机械卡死，要根据具体情况加以修复，若是触点熔焊在一起，要用螺丝刀把它们分开 |
| 电源到电动机主线路有烧断线处 | 从闸刀到保险，从保险到接触器，从接触器到热继电器，从热继电器到电动机接线，全面检查主线有无断线现象，若有则要重新连接电动机主线路 |

表 6-7 按下操作按钮后，电动机发出"嗡嗡"声但电动机不转

| 可能原因 | 检修方法 |
| --- | --- |
| 保险熔断中间一相 | 用低压试电笔测熔断器下桩头，若保险丝熔断要及时更换同规格的保险丝 |
| 接触器有一相触点接触不好 | 断开电源后，打开接触器灭弧盖，检查接触器在闭合时有无某相接触不良，若触点某相烧坏，要更新动静触点 |
| 电动机主线路断一相电，或接线端子烧断一相电源线 | 检查电动机主线路有无一相烧断，若有时应重新连接好，并压紧。若无此现象则应打开电动机接线盒检查接线端子处是否烧断一相，若烧断要重新把电动机电源线接好 |
| 电动机轴承卡死或泵轴承损坏卡死 | 检查电动机轴承是否卡死，若卡死应更换同型号的电动机轴承。若电动机能空载运转而泵轴承卡死，应更换水泵轴承 |
| 泵叶里进杂物卡死 | 打开水泵，把泵叶内的杂物清除干净，使电动机对轮可以用手转动后再重新把水泵装配好 |

表 6-8 水泵工作一段时间自动停止运行

| 可能原因 | 检修方法 |
| --- | --- |
| 保险未旋紧 | 检查保险是否旋紧，接触是否良好，若接触不好，可能接触器线圈断电，从而使接触器释放，所以要更新旋紧保险 |
| 主线有接触不良处 | 检查接触器、保险、热继电器以及到电动机这几段主线路，发现接触不好或烧坏时，要重新连接好 |
| 控制线接触不良或按钮常闭点闭合不好 | 检查水泵控制回路，电线有无接触不良处，有时要及时接好，没有时可断开电源用万用表测常闭按钮 SB2 是否在通常情况下能自行可靠闭合，若不能要更换停止按钮 |

续表

| 可能原因 | 检修方法 |
| --- | --- |
| 热继电器过载动作 | 检查是否热继电器动作,如热继电器动作,要找出动作的真正原因,如果热继电器与电动机配套,调整调节范围不正确要重新调整,若是热继电器主线接触点接触不好引起发热,要重新压紧主导线。若是电动机轴承损坏引起超电流动作时,要更换电动机轴承。若是轴承卡死,负载增大,要检查泵轴承以及泵叶有无杂物并加以处理。若水泵用手转动较轻却不能带负荷运行,电动机空载电流正常,但加上水泵运行电流就超载,这说明泵叶柄帽松脱,使电动机在 2800 r/min 高速旋转时泵叶摩擦着泵壳产生较大阻力,出现超载故障,因此如电动机不能带泵运行,而泵与电动机轴承都完好正常时,就要重点检修泵叶柄帽问题 |

表 6-9　　　　　　　电动机旋转后水泵不出水

| 可能原因 | 检修方法 |
| --- | --- |
| 水泵吸水扬程不够 | 降低安装位置或更换水泵 |
| 电动机旋转方向与离心泵方向相反 | 把三相电源线的任何两相对调一下 |
| 电动机转速低 | 用万用表电压挡测三相电源电压是否过低,过低时应从线路查找原因,有的水泵传动皮带是否过松打滑,若过松应紧皮带 |
| 底阀锈死或不灵活 | 将底阀拆开重新装配 |
| 进水口或叶轮中有杂物堵塞 | 停止电动机运行,清理泵内杂物 |
| 泵叶脱落 | 打开泵,重新把泵叶装上,并把柄帽上紧 |
| 泵内进入空气 | 检查泵有不严漏气处应作相应处理 |

### 四、磨粉机

（一）农用磨粉机及电气线路

磨粉机在农村加工行业应用极为广泛，它主要用来加工小麦、玉米。一般常见的有辊式磨粉机、锥式磨粉机和钢磨三种类型。它们的工作原理是利用挤压和研磨，把小麦或玉米碾成粉状，然后再利用细筛把面粉和麸皮分开。

1. 磨粉机的结构

小型 6F—1820 型磨粉机外形结构如图 6-39 所示。它主要由入料斗、喂入调节机构、磨辊、出料斗、圆筒筛、箱体、机架等组成。这种机械在加工小麦标准时，平均每小时加工 110～290 kg，它所选用的动力为 4.5 kW 三相电动机，转速为 1440 r/min，这就是说，它所选用的电动机为 4.5 kW、4 极三相电动机。

2. 磨粉机的操作要点

（1）磨粉机开机前要仔细检查传动皮带的安全防护是否可靠，皮带松紧是否适当，各部位紧固螺栓有无松动，磨辊间隙是否比较一致，检查无故障时才能试机。

（2）合上闸刀，先运转一段时间，检查机器各部位运转情况。空转时，严禁将磨辊推向工作位置，以免研磨辊。

（3）在安装调试新机器时，应先用 30 kg 的麸皮在磨辊内试磨，把磨辊的生锈物全部清除后再开始磨面粉。

（4）磨粉机运转正常后，微量调节小手轮，使滑块移到所需位置，然后缓缓地推动操作手柄，至工作位置。在磨粉中注意检查磨辊两端下料的粗细，是否均匀一致，酌情调整大手轮和微量调节小手轮。

（5）每隔 8 小时应对磨粉机的快慢磨辊两端瓦盖内注入 45 号机油，加注到油环带起油为止。

（6）磨粉机的电源控制线路由铁壳开关控制，并加有短路保险保护线路，当需工作时合上开关手柄，即可运行。磨粉机要停止工作时,把手柄拔下,电动机停止运行。

3. 磨粉机电源控制线路

由于6F—1820型磨粉机采用的电动机功率较小,为了维修方便,大都采用直接机械操作启停电动机方式,即采用一个三相铁壳开关控制启动电动机,其线路如图6-40所示。当开动磨粉机时,把铁壳开关拨动到合闸位置,三相交流电源通过保险丝后把电源引入电动机内的绕组中,使电动机运转,从而带动磨粉机工作。

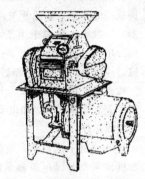

图6-39　6F—1820型磨粉机外形结构图

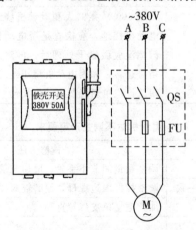

图6-40　农用磨粉机电气线路图

(二) 农用磨粉机故障检修

农用磨粉机故障检修方法见表 6-10～表 6-12。

表 6-10　磨粉机合上铁壳开关后电动机不转

| 可能原因 | 检修方法 |
| --- | --- |
| 三相电源停电 | 用低压试电笔测铁壳开关上桩头三相有无电压，如三相无电压，应从线路检查，如停电断线应根据情况进行处理 |
| 铁壳闸刀保险丝熔断两相 | 检查铁壳开关熔断丝是否熔断，如熔断应换同规格的熔丝，如此开关内装有保险管式熔断器。一时看不出哪个熔断，可在断开电源后，用万用表电阻挡分别测 3 只熔断器两端，如断路，应更换同规格的熔断器 |
| 电动机接线绕组断线 | 检查铁壳开关上桩头、下桩头到电动机接线端子上有无断线处，如电动机接线烧断，应重新把线接好 |
| 电动机机械卡死 | 如电动机不能启动，应检查机械是否卡死，如机械卡死是因电机轴承损坏，要更换轴承；是磨粉机机械故障时，应检修磨粉机机械 |
| 电动机绕组烧坏 | 用 500 V 兆欧表测电动机绕组对地绝缘，如电动机接地，应检查是否电动机进水短路，如因潮湿应做烘干处理后，再测绝缘电阻，如合格可运转，如因电动机绕组绝缘老化绕组断线、短路，应重新绕制电动机线包 |

表 6-11　磨粉机达不到生产率要求

| 可能原因 | 检修方法 |
| --- | --- |
| 流量太小 | 调整微量调节小手轮，增加流量 |
| 磨辊间隙调得不一致 | 调整拉杆内边螺母，使磨辊两端间隙一致 |
| 转速不够 | 加大电动机皮带轮直径 |
| 两磨辊直径变小，大小齿轮咬死 | 更换损坏磨辊齿轮 |
| 弹簧被压死 | 调整拉杆内边螺母，使压环与弹簧筒相平不可过深 |

表 6-12　　　　　　磨粉机轴套发热

| 可能原因 | 检修方法 |
|---|---|
| 油环不转 | 拆开磨粉机轴承，用汽油清洗，使油环转动后再加油装配好 |
| 轴承油槽内有脏物 | 如轴承内机油向两端流出时，应清除该轴两端回油孔的脏物，使机油能循环润滑 |
| 轴承缺油 | 磨粉机每日生产时加1~2次润滑油，保持足够的润滑 |
| 转速过高 | 转速不应超过 650 r/min，如超过时要减小电动机皮带轮的外径 |

### 五、铡草机

#### (一) 农用铡草机及电气线路

小型铡草机在农村应用很广，主要用来铡刀谷草、稻草、麦秸、青饲料等。常用铡刀机按切割方式不同，可分为滚刀式和轮刀式两种。

1. 铡草机的结构

9Z—1.75 型铡草机主要由机架、喂入部分、铡切抛送部分和传动部分所组成，如图 6-41 所示。

喂入部分有上、下两个锯齿形的喂草辊，上喂草辊用弹簧拉住，可以上下自由起落钳送饲草。采用 3 kW、转速为 1450 r/min 的电动机，电动机与铡草机之间用平皮带传动，另外还有 2 个三角皮带和 7 个直齿轮组成。

铡草机工作时，操作者将饲草通过喂入槽送进喂草辊，由转动方向相反的上、下喂草辊夹送至切草口，在回转动刀片和定刀片剪切作用下，沿着抛送风筒被抛出 5~6 m 的远处。

2. 铡草机的使用

在农村使用铡草机时一定要按操作顺序来操作，做到以下几点：

(1) 开车前必须通知所有的人远离机器，操作开关时，要迅速合上闸刀，使电动机转动，待机器运转几分钟后再开始工作。

(2) 正常喂草时，上限草辊会抬起15~20 mm。喂草不宜过多，更不允许将草成捆喂入。

(3) 乱草和碎草应掺和在整草中喂入，或者拧成麻花喂入，但必须注意对碎草、乱草的检查，避免裹入其他硬质杂物发生事故。

(4) 如发现主轴转速下降、草不往前走或喂草辊缠草时，立即将手柄扳到反转位置，使草辊反转将草倒出一些，运转正常以后，再放到正常位置进行正常作业。

(5) 作业完毕，让铡草机继续空转几分钟，将抛送风筒中的残留碎草排净。

(6) 每天工作结束后，应将机器上的杂质清除干净，并将手柄放在中间位置，平时要经常检查各紧固部分，刀片磨钝后要及时修理。

(7) 机器停用时，应擦去表面灰尘和脏物，在露天应注意防雨防潮，以免生锈。如长期停放时，应将各转动部位和螺纹连接部分注入润滑油，切刀刃部涂防锈油，然后放在棚舍内保存。

3. 铡草机的电气线路

农用9Z—1.75型铡草机所使用的电动机为3 kW 4极小型电动机，故可以直接用一只15 A三相闸刀启动。它的线路简单，操作方便，配备有短路保护保险，线路图如图6-42所示。

图6-41 9Z—1.75型铡草机外形

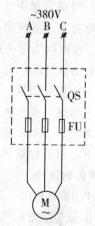

6-42 9Z—1.75型铡草机电气线路图

## （二）农用铡草机故障检修

农用铡草机故障检修，见表 6-13～表 6-18。

表 6-13　　合上闸刀后电动机不转且无声

| 可能原因 | 检修方法 |
| --- | --- |
| 电源无电 | 用试电笔检查闸刀开关上桩头，如无电压应向供电线路上查找原因 |
| 保险丝熔断两相以上 | 打开闸刀检查保险丝有无熔断式接触不良处，如有此现象要把三根保险丝重新更换压紧 |
| 电动机接线断路 | 检查闸刀下桩头到电动机接线盒内有无断线处，如有要重新接好 |
| 电动机机械卡死 | 检查电动机是否卡死，如卡死时要把电动机皮带去掉分别检查，如电动机轴承损坏，要更换轴承，若铡草机机械部分卡死，则要修理机械部分 |
| 电动机烧坏 | 用 500 V 兆欧表测量电动机线圈对地绝缘，若为零则要打开电动机检查线包，如进水要进行烘干处理，如烧坏要更新绕制电动机线包 |

表 6-14　　合上闸刀后电动机有"嗡嗡"声，但电动机不转或转速慢

| 可能原因 | 检修方法 |
| --- | --- |
| 电源缺一相电 | 打开闸刀盖，检查熔丝是否熔断一相，如熔丝熔断要及时更换同规格熔丝 |
| 保险丝一相熔断 | 打开闸刀检查保险丝有无熔断式接触不良处，如有此现象要把三根保险丝重新更换压紧 |
| 电动机一相电源线断 | 检查闸刀下桩头到电动机这一段有无断线处，如有断线要断开电源及时接通 |
| 机械部分卡死 | 检查机械传动部分是否已经卡死而不能转动，若机械损坏应及时修理 |
| 碎草杂物堵塞机器负载过重 | 清除杂草，使在操作时杂物不堵塞机器，使电动机启动后空转数分钟再工作 |

表 6-15　　　　　铡草机在工作中主轴转速降低

| 可能原因 | 检修方法 |
| --- | --- |
| 铡草机皮带过松 | 调紧皮带或在皮带上放些松香粉 |
| 铡草机皮带滑掉 | 断开电源扒出碎草后重新把皮带挂上再工作 |
| 喂草过多 | 暂停喂入草，扳手柄反转后再均匀喂入 |

表 6-16　　　　铡草机碎草抛送距离近或送不出去

| 可能原因 | 检修方法 |
| --- | --- |
| 转速低 | 调整铡草机到正常规定的转速 |
| 碎草杂物堵塞 | 停止运行后清除碎草杂物 |

表 6-17　　　　　　铡草机出草长

| 可能原因 | 检修方法 |
| --- | --- |
| 刀片与底刀间隙太大 | 调整刀片与底刀的间隙使其适当 |
| 刀片或底刀刃太钝 | 磨刀刃更换底刀 |

表 6-18　　　　　　铡草机轴承室发热

| 可能原因 | 检修方法 |
| --- | --- |
| 润滑油不足 | 加足润滑油 |
| 轴承室内进杂质 | 更换清洁润滑油，更换磨损坏的轴承 |
| 没有及时加润滑油 | 按规定及时注油 |

# 第七章 安全用电基本常识

电能在人类社会进步与发展过程中发挥着重要作用,它极大地改善了人们的生存环境和生活质量,提高了生产效率,是现代生活中不可或缺的能源。但是电能又会对人类构成威胁,如果使用不当或不注意用电安全,会造成人员伤害和设备毁坏。因此我们必须接受安全教育,掌握安全用电常识和安全操作技能,以避免触电事故的发生。

## 第一节 电流对人体的伤害

### 一、电流对人体的伤害

电流对人体伤害的形式,可分为电击与电伤两类。伤害的形式不同,后果也往往各异。

(一)电击

电击是电流通过人体,直接对人体的器官和神经系统造成的伤害。它是低压触电造成伤害的主要形式。轻者有麻木感,稍重可造成呼吸困难,严重者可造成神经麻痹、呼吸停止,最严重时可能引起心室发生纤维性颤动,进而导致死亡。

电击触电的形式有直接接触电击和意外接触电击。

(1)直接接触电击:指人体直接触及带电导体或人体经由其他导体触及了带电导体而造成的电击。

(2)意外接触电击:指人体(或经由其他导体)触及了在正常运行时不带电、而在意外情况下带电的金属部分(通常是电气设备的金属外壳或金属架构)所造成的电击。

防止造成直接接触电击的方法是使电气设备导电部分不外露,即"防护式"的结构。防止造成意外接触电击的方法是电气设备的金属外壳或金属架构做接地或接零保护。

（二）电伤

电伤是电能转化为其他形式的能作用于人体所造成的伤害。它是高压触电造成伤害的主要形式。

电伤的形成大多是人体与高压带电体距离近到一定程度，使这个间隙中的空气电离，产生弧光放电对人体造成的伤害。这一电弧的温度可达 3000℃，不仅直接作用于人体可造成皮肤的灼伤甚至穿孔，而且在电弧的作用下导体金属也可蒸发并附着在皮肤上甚至渗透到皮肤内，造成金属化皮肤。与此同时，人体与地面接触的部分（无论是否穿鞋），电阻（往往是脚跟部位）最小的局部会出现穿孔。

电伤的后果，可分为灼伤、电烙印、皮肤金属化三种。这三种电伤有可能在一次触电后同时出现。

（1）灼伤：它是因电弧的高温作用于人体形成的，它可在局部或较大面积的皮肤上形成。

除接近高压带电部位可引起电弧灼伤之外，在低压系统中，使用无灭弧装置的开关操作大电流时，可能形成弧光短路，对操作人也可形成较大面积的灼伤，同时弧光对眼睛的强烈作用，可造成电光性眼炎。

严重的灼伤可致人死亡，严重的电弧伤眼可引起失明。

电弧灼伤的伤口部位不易愈合，治疗所起的作用也不明显，有的需几年后才结痂。

（2）电烙印：往往是在人体触及带电体前引起电弧，后又与带电部位接触，此时出现的情况是，电弧击穿了皮肤的角质层，然后电流又直接通过没有角质层保护的皮肤。这时既有电流的热效应，又有电流的化学效应对人体综合作用，使皮肤表面形成黄色至深灰色的肿块，局部神经也可能坏死，所以，一般不会有痛感，该部位也可能不发炎化脓。严重时可造成触电部位肌肉和神经坏死，有时需要截肢。

(3) 皮肤金属化：它是因电弧的高温，使导体的金属材料蒸发后渗入皮肤内造成的。可使皮肤局部变为黄色或褐色，伤害部位粗糙、坚硬，不易痊愈。

## 二、触电及带电体的几种形式

当人体的一部分接触到带电的导体或绝缘损坏的用电设备时，人体成为通电的导体流过电流，电流对人体造成伤害，这就是触电。

触电形式分为单相触电、两相触电、跨步电压触电及其他形式的触电。

### （一）单相触电

人站在地上或其他接地体上，人体接触到相线或绝缘不好的电气设备外壳，电流由相线经人体流入大地，如图 7-1 所示。

### （二）两相触电

人体的两部分同时碰到同一电源的两根相线，电流由一根相线经人体流入另一根相线，如图 7-2 所示。

图 7-1 单相触电

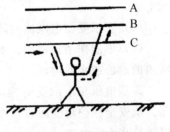

图 7-2 两相触电

### （三）跨步电压触电

带电体触地，有电流流入地下时，电流在周围土壤产生压降，人走近接地点，两脚之间产生跨步电压造成触电，如图 7-3 所示。

以下的几种情况，均可能出现跨步电压。

(1) 在低压三相四线中性点接地的配电系统中，如果负载侧的设备做接地保护，当设备出现接地故障时，在设备保护接地的接地

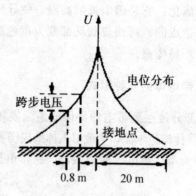

图 7-3 跨步电压触电

装置附近的地面和变压器中性点工作接地的接地装置附近地面上。

（2）架空线路的带电导线落地时，在落地点附近的地面上。

（3）架空线路带电导线，落于无拉紧绝缘的拉线上，在拉线附近的地面上。

（4）架空线路的带电导线，落于金属杆塔，在杆塔附近的地面上。

（5）正承受雷电电流的防雷接地装置附近的地面上。

（6）电能作用于地面、水面时，在距地面、水面电极一定距离内的地面或水域内。

跨步电压在距承受对地电流的接地装置 20m 以外，近似为零。从安全保护角度而言，在查找接地故障点时，应穿绝缘靴，以防跨步电压电击。

（四）其他形式的触电

1. 感应电压触电

当对地绝缘的导体与带电体过分接近时，在前者上会有感应电荷存在，这是由于两者间存在一定电容的关系。这一感应电压的大小，取决于带电体的电压和频率，靠近于它的导体与它之间的距离，以及它们之间形成的电容量的大小。

当人体触及了感应带电的物体时，虽然一般不会置人于死亡，但往往由于事出意外,在精神上无准备,容易出现二次伤害。

2. 剩余电荷触电

电容器以及具有一定电容的设备,都有"存储"电荷的能力,当它们存储的电荷达到一定数量,具有足够高的电压时,对操作者的人身安全是一个潜在的威胁,如果不注意到这点,可能在操作维修、测量时发生人身伤亡或仪表损坏事故,因此要特别注意。

## 第二节 触电后的安全急救

**一、脱离电源**

当发现有人触电后,如果触电人尚未脱离电源,必须设法争分夺秒、千方百计地使触电者脱离电源,或使电源脱离触电者。与此同时,还应防止触电者在脱离电源后可能造成的二次伤害(如倒地摔伤或从高处落下)。争取时间就地使用人工呼吸法及胸外心脏按压法进行抢救,并将持续不断进行。同时,应尽早与医务人员接替救治。

(一)脱离低压电源方法

要使触电者迅速脱离电源或电源脱离触电者,越快越好。主要方法有:设法迅速拉开电源开关或刀开关;设法迅速拔除电源插头;用带绝缘胶柄的钢丝钳切断电源;用干木把斧子、铁锹等物质将电源线切断(切断电线要分相进行,并尽可能站在绝缘物体或干木板上);使用干燥木棒、木板、绳索等不导电的材料解脱触电者;揪住触电者干燥而不贴身的衣服,将其拖开,也可脱掉自己身上干燥的衣服或帽子等将其揪开。救护人员切记要避免碰到金属物体或触电者的裸露身躯。救护人员也可站在绝缘垫上或干木板上,把自己绝缘好后再进行救护。为使触电者与导电体解脱,最好用一只手进行。如果电流通过触电者入地,并且触电者紧握电线,可设法用干木板塞到身下,垫起身躯,将其与地隔离。

(二)脱离高压电源的方法

(1)停电:拉开相应的开关。

(2)短路法:抛掷裸金属软导线,使之短路掉闸。

总之使触电者脱离电源时要注意防止二次伤害和保护自己不要受到伤害。只要不是致命外伤,应立即就地进行抢救。只有医院才有权利判断触电者死亡。

## 二、急救前的准备

(1)触电伤员如神志不清,应使其就地躺平,严密观察,暂时不要使其站立或走动。

(2)触电伤员如神志不清,应就地仰面躺平,且确保气脉通畅(将嘴内假牙、污物等清除干净),并用5秒时间呼叫伤员或轻拍其肩部,以判定伤员是否意识丧失。禁止振动伤员头部呼叫伤员。

(3)触电后摔伤的伤员,应就地平躺,保持脊柱为伸直状态,不得弯曲,如需搬运,应使用硬木板保持平躺,使伤员身体处于平直状态,避免脊椎受伤。

(4)需要抢救的伤员,应立即就地坚持正确抢救,并设法联系医疗部门接替救治。

(5)触电伤员如意识丧失,应在10秒内,用看、听、试的方法,判定伤员呼吸、心跳情况。

看:看伤员的胸部、腹部有无起伏动作。

听:用耳贴近伤员的口鼻处,听有无呼气声音。

试:试测口鼻有无呼气的气流,再用两手指轻试一侧(左或右)喉结旁凹陷处的颈动脉有无搏动。

## 三、两种现场急救方法

(一)口对口(鼻)人工呼吸法

在触电者脱离电源后,应尽快清理她嘴里的东西,并使头尽量后仰,让鼻孔朝天,这样舌根就不会阻塞气道。同时,很快解开他的领口和衣服。头下不要垫枕头，否则会影响通气。急救人应在触电者头部的左边或右边，用一只手捏紧他的鼻孔，用另一只手的拇指和食指掰开他的嘴巴，然后口对口向触电者体内吹气；如果掰不开嘴巴，可用口对鼻向触电者体内吹气。当急救人换气时，触电者会将体内气体压出，形成一吸一呼。

急救人再次深呼吸换气后，紧贴掰开的嘴巴吹气时，可隔一层布吹。吹气时要使他的胸部膨胀，每5秒钟吹1次，形成吹2秒、放松3秒的"呼吸"。由于小孩肺小，则只能小口吹气，如图7-4所示。

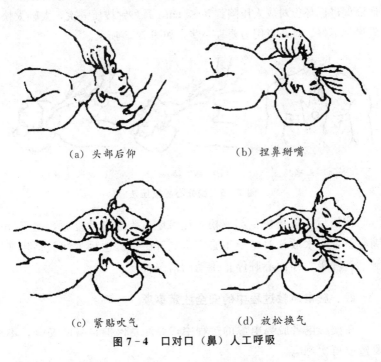

(a) 头部后仰　　　　　(b) 捏鼻掰嘴

(c) 紧贴吹气　　　　　(d) 放松换气

图7-4　口对口（鼻）人工呼吸

急救人换气时，应放松触电者的嘴和鼻，让他自动呼气。这种方法单独使用时，只适合于呼吸停止，但心脏仍在跳动的触电者；若触电者心脏也停止跳动，则必须用胸前心脏按压法同时进行急救。如果急救者只有一人，则两种方法应交替进行，每吹气

2~3次，再挤压10~15次，同时设法与外围联系，取得帮助。

### （二）胸外心脏按压法

胸外心脏按压法就是通过按压触电者的胸部，使他的心脏恢复跳动。施行胸外心脏按压前，应将触电者的衣服解开，让他仰卧在地上或硬板上（不可躺在软的地方），仰卧方式与口对口（鼻）人工呼吸的方式一样。按压时应找到正确的按压点。然后，急救人跨在触电者的腰部跪下，两手相叠（急救儿童时用一只手），手掌根部放在心口窝稍高一点的地方。掌根用力向下面按压。压出心脏里面的血液促进循环。对成人压陷到3~5 cm，每秒钟按压一次，太轻太快效果都不好，对儿童用力要轻一些，如图7-5所示。

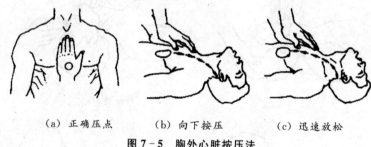

（a）正确压点　　（b）向下按压　　（c）迅速放松

图7-5　胸外心脏按压法

按压后掌根很快全部放松，让触电者胸部自动复原，血又充满心脏，每次放松时掌根不必完全离开胸壁。这种方法只适用于触电者呼吸没停而心脏停止跳动的情况。

### 四、触电急救过程中的安全注意事项

在使触电者脱离电源的过程中，要注意保护自身的安全，不要造成再次触电。

（1）如果为高空触电，应注意脱离电源后的保护，不要造成二次摔伤。

（2）脱离电源后要根据情况马上进行抢救，抢救过程中不要有停顿。

(3) 夜间触电应迅速解决照明问题，以利抢救。

(4) 如需送医院应尽快送到，在途中应不停顿地进行抢救，直到送至医院交医生处理。

(5) 抢救人员应向医护人员讲明触电情况，在医院抢救过程中，要慎重使用肾上腺素（强心针），对心脏尚不跳动的电击伤者不能使用肾上腺素。

## 第三节　触电事故产生的原因及规律

### 一、触电事故产生的原因

电气设备种类繁多，使用场所各有不同，操作人员的电气知识高低不等，使用的环境条件千差万别，设备使用电压的等级有高有低，配电线路的敷设方式有明有暗。有了以上诸多因素，可以说触电事故的发生难以避免，据对已经发生的触电事故分析，触电原因大致可分为以下几方面：

(1) 违反安全操作规程或安全技术规程。

(2) 在电气设备停电检修或试验时，未采取可靠的安全技术措施。

(3) 无操作票而进行倒闸操作造成事故。

(4) 缺乏电气知识。

(5) 维护不良。

(6) 设备的质量不良。

(7) 其他意外因素。

### 二、触电事故的规律

触电事故是突发性的，往往在很短的时间内出现很严重的后果。根据对已发生过的触电事故分析，大致有下述的一些规律。

(1) 触电事故的季节性。一般夏季发生的触电事故明显多于其他季节发生的触电事故。以我国的统计，在6~9月份发生的触电事故中，低压触电事故占全国的80%；高压触电事故占全国的45%。在高、低压触电事故中，均以8月份为全年的最高月。

（2）低压触电事故高于高压触电事故。

（3）使用手持式电动工具及移动式电气设备时发生的触电事故率高于使用固定式电气设备时的触电事故率。

（4）非电工的触电事故多于电工的触电事故。

（5）农村的触电事故多于城市的触电事故。

## 第四节　安全用电措施

### 一、绝缘

绝缘是采用绝缘物将带电体封闭起来。各种设备和线路都包含有导电部分和绝缘部分。良好的绝缘是保证设备和线路正常运行的必要条件，也是防止触电事故的重要措施。所以，设备和线路的绝缘必须与采用的电压符合，并与周围环境和运行条件相适应。否则，绝缘材料将可能遭到破坏而失去绝缘隔离作用。

### 二、屏护

在供电、用电、维修工作中，由于配电线路和电气设备的带电部分不便于绝缘或全部绝缘有困难，不足以保证安全，则采用遮拦、护罩、闸箱等屏护措施，以防止人体触及或接近带电体而发生事故。这种把带电体同外界隔绝开来的措施称为屏护。

屏护装置在实际工作中应用很广泛，像在低压电器中的胶盖闸的胶盖，铁壳开关的铁壳等，不但是作为防止触电的屏护装置，还有防止电弧伤人，防止电弧短路的重要措施。对高压设备，不论高压设备是否有绝缘，均应采取屏护措施。

屏护装置有永久性屏护装置，如配电装置的遮拦，开关的罩壳等；也有临时性屏护装置，如检修工作中使用的临时遮拦和临时设备的屏护装置。有固定屏护装置，如电线的护网；也有移动屏护装置，如跟随天车移动的天车滑触线的屏护装置。屏护装置不能与带电体接触。

### 三、保护接地

在 IT 或 TT 系统中为防止因电气设备绝缘损坏或带电体外壳使人身遭受触电危险，将电气设备在正常情况下不带电的金属外壳与接地体相连接，称为保护接地。保护接地是一种最常用的安全技术措施，无论在高压或低压管道系统、交流或直流供电系统、防静电系统、一般环境或特殊环境，都得到广泛应用。

### 四、安全电压

为了使用安全电压的设备能够和电源设备相互配套，我国对工频安全电压规定了以下几个等级，即 42 V、36 V、24 V、12 V、6 V 等五个等级。

对于不同等级的工频安全电压，推荐用于以下场合：

42 V：用于手持式电动工具。

36 V 和 24 V：用于一般场所的安全灯或手提灯。

12 V：用于特别潮湿场所及在金属容器内使用的照明灯。

6 V：用于水下工作的照明灯。

### 五、自动切断电源

断电保护装置是用于防止人身触电和因漏电而引起火灾等事故的一种保护电器。国内外的经验表明，推广使用断电保护装置，对减少触电伤亡和电气火灾有明显的效果。断电装置有漏电保护、过流保护、过电压保护或欠电压保护、短路保护。